1天就完成

第一次动手制作布艺包

1日で完成！
はじめての手作り布バッグ

（日）田中智子／著

北京联合出版公司
Beijing United Publishing Co.,Ltd.

无论是一个闲散的散步，

还是去赴重要的约会，

都背上自己做的包

或者用它们去搭配

自己最喜欢的衣服和最中意的鞋子

这样的场景，即使是想一想，也会让人很兴奋

希望这份小小的乐趣能够不断地扩散开去

请拿上喜欢的布料，自由地搭配，

来制作出只属于你自己的包包吧

田中智子

目录

(   ) —— **如何制作**

基础技法

A 托特包

简单利落的包包。

适合搭配休闲的风格。

如何制作 p.32

B 包中包

带有很多口袋的小包。

即使换了不同的包，也可以直接把它放进去。

如何制作　p.34

C 碎花口袋托特包

使用了碎花图案进行点缀。

包底和蝴蝶结的颜色互相呼应非常可爱！

如何制作　p.38

D 斜挎包

中性的设计感反而更加可爱！

斜背使用能体现包包的独特风格。

如何制作　p.40

E 波点羊毛布包

大波点配上简单的设计。

圆滚滚的外形将羊毛的柔软手感展示了出来。

即使在寒冷的冬天也能充满朝气的出门。

如何制作　p.43

F，G 印花小挎包和化妆包

想制作出品位不凡的小物，重点是要使用华丽的花朵图案，

再配上有质感的布料，营造出时尚感。

如何制作　　p.45

H 午餐袋

午餐袋用来装钱包、手机和便当。

小巧的托特包，设计的简单而可爱。

如何制作　p.48

I 横式袋盖背包

小巧的长款包，透出成熟的味道。

很适合用来搭配牛仔裤。

如何制作　p.50

J 海军风条纹包

在素色布上缝上布条就会出现条纹的图案。

若再配上自己喜欢的小装饰，就会更有意思了。

如何制作　　p.52

k 羊毛圆桶波士顿包

圆桶形设计的波士顿包。

配有大开口的拉链，使用非常方便。

内袋也可以放入很多东西。

如何制作　p.54

L，M 牛仔布水桶包和发圈

将剪成花瓣形状的布料缝在包的边缘。

内袋的布料与发圈的布料相同。

如何制作　p.56

N 帽子包

有趣的帽子形状的包包。

蕾丝配上袋盖，非常的可爱。

大胆地用蕾丝装饰是这款包包的亮点。

如何制作　p.59

O 皮革十字架小挎包

选用可以轻松进行缝纫的薄皮革。

一款休闲风格的小挎包，越用会越顺手哦。

如何制作　p.61

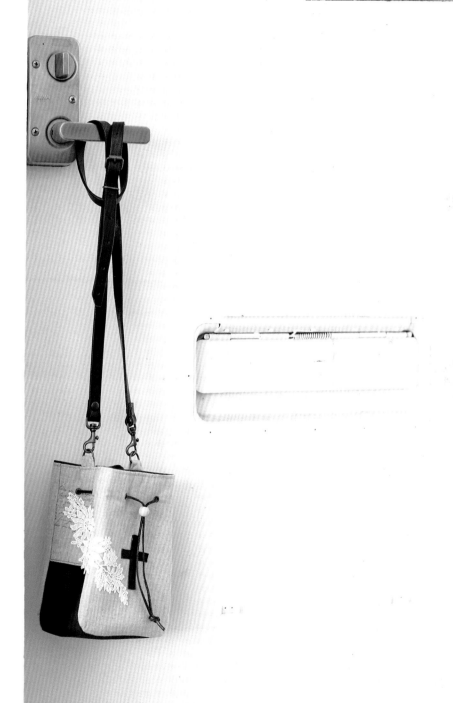

P 皮革帆布波士顿包

大面积使用结实的帆布缝制而成，

只要带上这样的包，无论去哪都会很方便。

书后附有 A 到 Z 字母刺绣图样，请选择你喜欢的吧。

皮革碎片拼接的配饰也是设计亮点。

如何制作　p.64

Q 木质提手祖母包

木质的提手，让人很想制作一个试试。

特别使用了素色小碎花布加以搭配。

如何制作　p.67

R，S 紫色亚麻布托特包和口金包

单层缝制的简单手提包，只用细褶做装饰。

口金包上用的是荷叶褶。

只要方法掌握好，褶皱做起来是很简单的。

还可以用在其它地方，非常有趣。

如何制作　p.69

T 褶皱包

素雅的布料，

简单的几条褶皱，没有多余的设计。

把花纹替换成格纹也会很可爱。

如何制作　p.72

U，V 口金小挎包和胸花

口金散发出复古的味道，

配上胸花之后，又别有一种风情。

如何制作　p.74

如何制作

制作包包所需工具

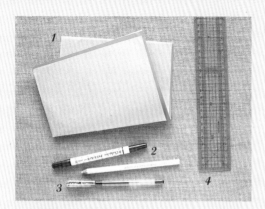

1. 复印纸
复制刺绣图案时使用。

2. 水溶笔
在布料上画纸型的线或者做记号时使用。

3. 圆珠笔
在复印纸上复制图案时使用，很方便。

4. 尺子
在布料上做记号，或测量缝份做记号时使用。

1. 手工艺用剪刀
便于进行细致的裁剪。

2. 裁布剪
专门用于剪裁布料的剪刀。

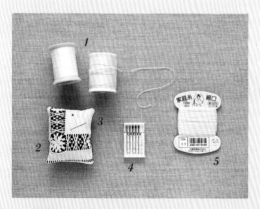

1. 缝纫线
亚麻布、棉布使用 60 号线。
厚的布料使用 30 号线，薄的布料使用 90 号线。

2. 针插
用于插绷针的工具。

3. 绷针、手缝针
绷针用来固定布料，手缝针用于藏针缝等手缝步骤。

4. 缝纫针
根据布料的厚度选择适合的针。
亚麻布、棉布等布料适合使用 11 号针。

5. 手缝线
用来缝合返口和藏针缝。

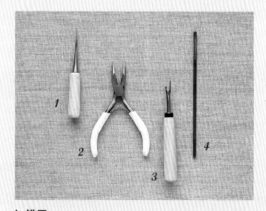

1. 锥子
整理布角时使用。

2. 手工艺用钳子
安装磁扣时使用。

3. 拆线器
拆剪缝线的工具，拆开接缝很便利。

4. 穿带器
材质不是很坚硬，用来给袋口穿绳子，很方便。

制作包包所需材料

粘合衬
用熨斗熨帖，从上往下压着一点一点移动，很方便就可以贴上。

拉链
如果是树脂拉链，可以减掉多余的部分，调节成适合自己需要的长度。

绳索、布带
用来制作包包的提手。

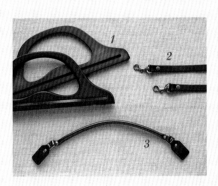

提手
1.木质 2.皮质（钩扣款）3.皮质（需手缝）

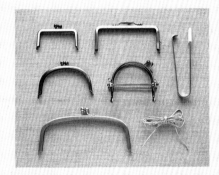

口金
口金的尺寸和样式有很多种。使用右边的口金专用安装工具，以及纸绳进行安装。

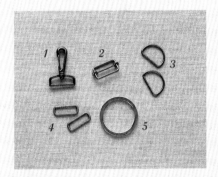

金属配件
1.钩扣 2.日字扣 3.D形扣 4.方扣
5.环扣

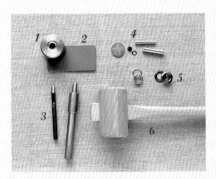

鸡眼扣与打孔工具
1.底座 2.橡胶垫 3.冲孔器 4.工具与鸡眼扣套组 5.鸡眼扣 6.木槌

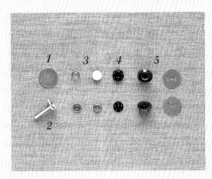

纽扣
1.底座 2.四合扣安装工具 3.四合扣（4个一套）4.暗扣（上下为一套）5.磁扣（4个一套）

印章、印台
使用布料专用的印台，可以很简便地给包包加入小装饰或者标签之类的设计。

基础知识

布料各部分的名称

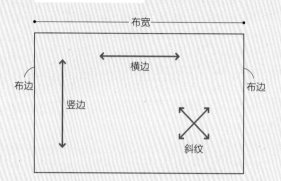

布宽　从布的横纹方向一边到另一边的宽度。

布边　布料的两边

竖纹　与布边平行的布纹，如纸型中所标示的

横纹　与布边成直角的布纹

斜纹　与竖纹成 45 度角，有伸缩性。

对折线

布料对折的地方

正面相对和反面相对

将布料的正面与正面叠合为正面相对，反面与反面叠合为反面相对。

始缝、止缝

为了避免开线，需要在始缝和止缝处做约 1cm 的回缝。

三次折边、四次折边

三次折边　折叠一次之后，再沿布边向里折叠一次。

四次折边　布料两端分别折叠一次，再于中心对折一次。

手缝

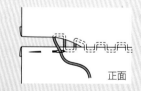

藏针缝
用来缝返口。

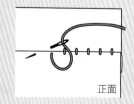

一字针
用布料包裹木质提手时使用。

刺绣针法

轮廓绣

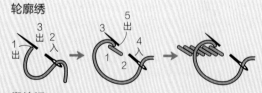

缎纹绣

法国豆针绣

绕一圈　　绕两圈

菊叶绣

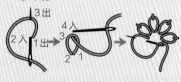

包底的制作方法 1　　A 托特包等

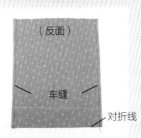

①对折并缝合两边

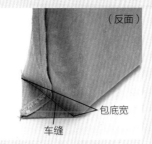

②留好缝份，缝出边角。

③把缝好的两边折进底部。

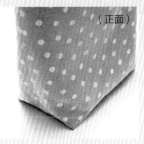

④翻回正面。

包底的制作方法 2　　D 斜挎包等

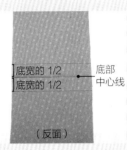

①在反面画线。

②按照画线的距离将底部中心线往中间折叠，再用熨斗烫平。

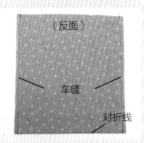

③两边用缝纫机车缝。

④翻回正面。

口金的安装方法　　S 口金包　U 口金小挎包等

①完成到安装口金的步骤。

②在配件边缘涂抹黏合剂。

③边角处的布头用锥子塞进去。

④塞好之后垫上厚垫布用钳子压紧。

⑤在槽里填充黏合剂。

⑥袋口部分内侧填入纸绳。

⑦把四边压紧。

鸡眼扣的安装方法

①用木槌敲打冲孔器，在布料上打孔。

②套上鸡眼扣。

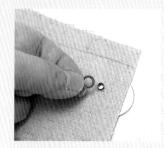

③翻面，装上套片。

④放平，用工具对准扣眼。

⑤用木槌敲紧。

⑥完成。

磁扣的安装方法　　C 花纹口袋托特包

①在安装磁扣的位置反面贴上粘合衬。

②放上磁扣，做打孔标记。

③在记号处用剪子等工具做出切口。

④从正面插入磁扣。

⑤反面套上垫片。

⑥压紧。

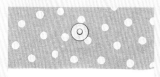

⑦凹凸部分都用同样的方法安装。

①在袋盖安装凸扣的位置做上标记。

②在记号处用扣子腿压出印记。

③在印记处用锥子钻孔。

④将扣子腿从孔里穿出来。

⑤把凸扣部分套在扣子腿上。

⑥垫上敲打工具用木锤敲紧。

⑦在安装凹扣的位置做上标记。

⑧用扣子腿穿透做记号的地方。

⑨要完全穿透到反面。

⑩要完全穿透到反面。

⑪用木槌敲紧。

⑫完成。

A 托特包　photo p.6

【材料】

亚麻布（原色）47cm×72cm
亚麻布（波点）47cm×72cm
厚棉布（绿色）48cm×30cm

【成品尺寸】

长 46cm
3cm
30cm
10cm
35cm

【制图】单位 cm 除特别指出以外，缝份均为 1cm

亚麻布（原色）
亚麻布（波点）

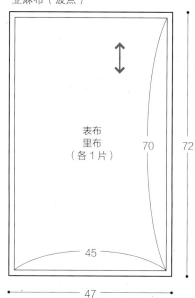

表布
里布
（各1片）

70
72
45
47

厚棉布（绿色）

底袋（1片）

20
22
45
47

提手（2根）不加缝份裁剪

8
48

如何制作

1. 裁剪布料

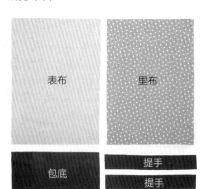

表布　里布
包底　提手　提手

2. 给表布加上包底

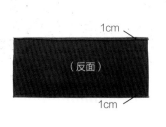

1cm
（反面）
1cm

①包底的上下缝份往后折 1cm

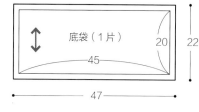

0.3cm
10cm　包底（正面）　包底中心
10cm
表布（正面）

②把包底贴合表布的正面，进行缝合。

3. 制作外袋

表布（反面）
车缝

③将表布正面对折，布边用缝纫机车缝。

④把缝份熨开。

4. 制作内袋

将里布的正面对折，布边用缝纫机车缝。留出返口不缝。熨开缝份。

5. 制作包底

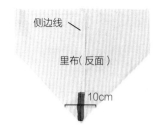

①在侧边线上垂直缝出底角。

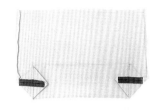

②把底角折进底部。

③里布也缝出同样的底角，折进底部。

6. 制作两条提手

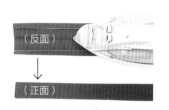

①折出 1cm 的缝份后对折

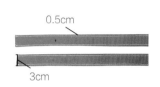

②两端用缝纫机压线。

7. 插入提手

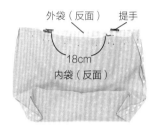

把外袋和内袋的正面对叠在一起，提手用珠针固定在两层布之间。

8. 敞口部分缝合

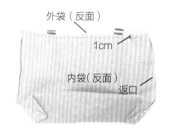

在 1cm 处车缝。

9. 翻回正面，缝上返口

①从返口把包翻回到正面，边缘用缝纫机压线。

②返口用手缝缝合（藏针缝）。

10. 装上蕾丝配饰

B 包中包　　photo p.7

【材料】
亚麻布（素色）45cm×55cm
厚棉布（藏青色）60cm×60cm
亚麻布（波点）32cm×13cm
隐形拉链 20cm
粘合衬 24cm×40cm

【标签材料】
亚麻布（深米色）5.5cm×8cm
亚麻布（浅米色）4cm×7.5cm
0.1cm 圆绳 30cm
鸡眼扣 直径 8cm 1 颗

【成品尺寸】

长 22cm

2.5cm

16cm

8cm

24cm

【制图】单位 cm　　除特别指出以外，缝份均为 1cm

部分贴上粘合衬

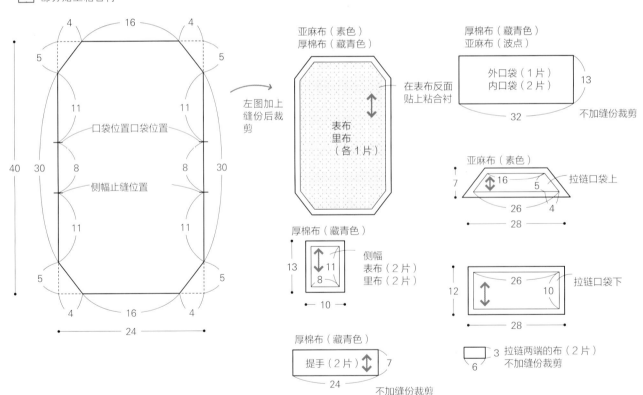

亚麻布（素色）
厚棉布（藏青色）

在表布反面
贴上粘合衬

左图加上
缝份后裁
剪

表布
里布
（各1片）

厚棉布（藏青色）
亚麻布（波点）

外口袋（1片）
内口袋（2片）

13

32

不加缝份裁剪

亚麻布（素色）

7

16

5

拉链口袋上

26

4

28

厚棉布（藏青色）

13

11

8

侧幅
表布（2片）
里布（2片）

10

12

26

10

拉链口袋下

28

厚棉布（藏青色）

提手（2片）

7

24

不加缝份裁剪

3

6

拉链两端的布（2片）
不加缝份裁剪

4　16　4

5　　5

11　11

口袋位置口袋位置

40　30　8　8　30

侧幅止缝位置

11　11

5　5

4　16　4

24

34

如何制作

1. 裁剪布料

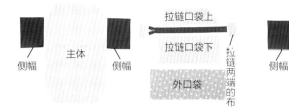

表布

内布

2. 在表布的反面贴上粘合衬

在表布反面的缝份线内贴上
粉合衬

3. 安装拉链

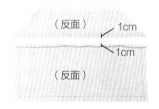

①在布上折出缝份，用熨斗
熨平。

②把拉链两端的布对折后用缝
纫机车缝。

③缝拉链。

4. 制作口袋

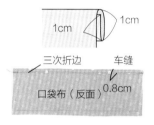

①将袋口部分三次折边后车缝。

5. 将拉链口袋和外口袋缝在表布上

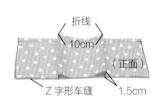

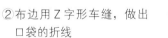

②布边用 Z 字形车缝，做出
口袋的折线

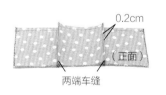

③车缝折线的两端。

①将拉链口袋正面相对贴合
在表布接缝口袋的位置上，
进行车缝。

②将拉链口袋翻回正面。

6. 将侧幅缝到表布上

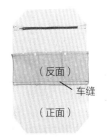

③把外口袋与表布正面对叠，进行车缝。

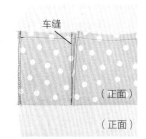

④翻回正面，车缝压线。

①将侧幅正面对叠缝合。接下来★与★，☆与☆对齐缝合。

②侧幅缝好之后。

③在表布主体角部剪口。

④翻回正面，车缝压线。

7. 将里布的口袋缝上（与步骤 4 相同）

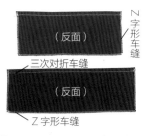

①将内口袋布的顶端三次对折后车缝，周围 Z 字形车缝。

②里布与口袋布正面相对叠缝合。（与外口袋的做法相同）

③翻回正面。

④将另一片口袋布正面相对叠进行缝合。（尺寸小的口袋不需要折线，直接缝合）

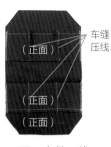

⑤翻回正面，车缝压线。

8. 制作内袋

与步骤 6 一样，缝上侧幅。

9. 制作提手

① 折出 1cm 的缝份后对折。

0.2cm

2.5cm

② 两端进行车缝。

10. 将外袋与内袋正面相对叠合在一起

① 压倒表布与里布的缝份。

（反面）

车缝

② 将外袋与内袋正面相对叠合在一起，缝合开口的侧面部分。

11. 缝提手

（正面）

③ 从上方返口翻回正面。

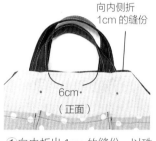

向内侧折1cm 的缝份

6cm

（正面）

① 向内折出 1cm 的缝份，以珠针固定。

车缝压线

② 开口部分用车缝压线。

车缝压线

③ 后边的拉链口袋部分也用车缝压线。

12. 制作标签

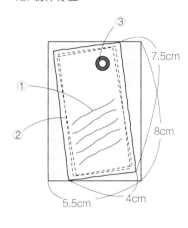

③
①
②

7.5cm

8cm

5.5cm   4cm

① 在较小的布上用布用印台盖章

② 将两片布重叠，用黑色车缝线随意地缝合

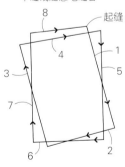

8

起缝

4   1

3   5

7

6   2

③ 安装鸡眼扣（参照 p.30）

④ 穿绳。

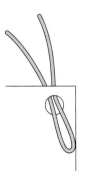

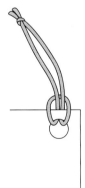

C 碎花口袋托特包　　photo p.7

【材料】
亚麻布（波点）75cm×60cm
亚麻布（原色）75cm×60cm
亚麻布（碎花）50cm×50cm
亚麻布（紫色）45cm×30cm
6cm 宽 蕾丝 25cm
磁扣 直径 1.4cm 1 套
（加固用垫布 6cm×6cm）

【成品尺寸】

长 46cm

2.5cm

28cm

12cm

34cm

【制图】单位 cm　　除特别指出以外，缝份均为 1cm

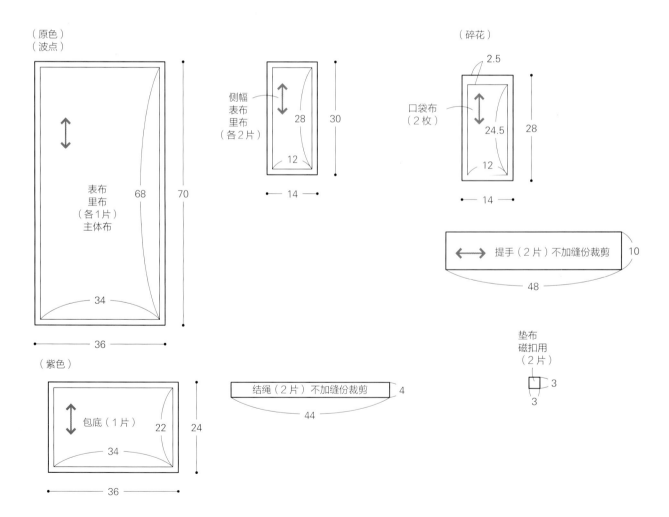

（原色）
（波点）

表布
里布
（各1片）
主体布

68

70

34

36

侧幅
表布
里布
（各2片）

28

30

12

14

（碎花）

2.5

口袋布
（2枚）

24.5

28

12

14

提手（2片）不加缝份裁剪

10

48

垫布
磁扣用
（2片）

3

3

（紫色）

包底（1片）

22

24

34

36

结绳（2片）不加缝份裁剪

4

44

如何制作

1. 在表布主体上缝上包底

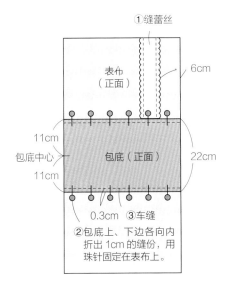

①缝蕾丝

表布（正面）　6cm

11cm

包底中心　包底（正面）　22cm

11cm

0.3cm　③车缝

②包底上、下边各向内折出1cm的缝份，用珠针固定在表布上。

2. 缝侧幅上的口袋

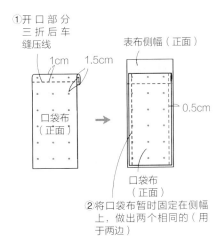

①开口部分三折后车缝压线

1cm　1.5cm

表布侧幅（正面）

口袋布（正面）　0.5cm

口袋布（正面）

②将口袋布暂时固定在侧幅上，做出两个相同的（用于两边）

3. 制作外袋

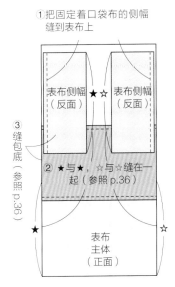

①把固定着口袋布的侧幅缝到表布上

表布侧幅（反面）　★☆　表布侧幅（反面）

③缝包底（参照p.36）

②★与★，☆与☆缝在一起（参照p.36）

★　☆

表布主体（正面）

4. 制作内袋

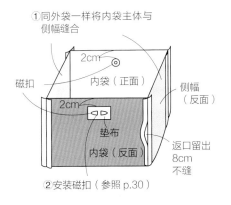

①同外袋一样将内袋主体与侧幅缝合

2cm

磁扣　内袋（正面）　侧幅（反面）

2cm

垫布

内袋（反面）　返口留出8cm不缝

②安装磁扣（参照p.30）

5. 制作两条提手

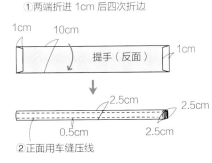

①两端折进1cm后四次折边

1cm　10cm　1cm

提手（反面）

2.5cm　2.5cm

0.5cm　2.5cm

②正面用车缝压线

6. 制作两条绑带

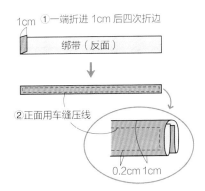

1cm　①一端折进1cm后四次折边

绑带（反面）

②正面用车缝压线

0.2cm 1cm

7. 外袋与内袋正面相对重叠缝口

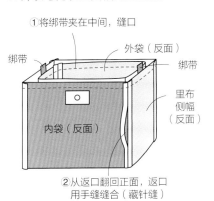

①将绑带夹在中间，缝口

绑带　外袋（反面）　绑带

里布侧幅（反面）

内袋（反面）

②从返口翻回正面，返口用手缝缝合（藏针缝）

8. 缝提手

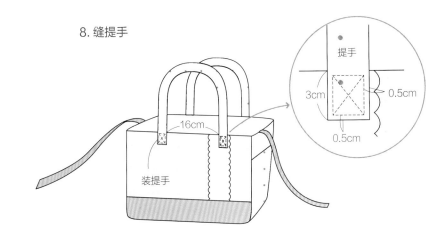

提手

3cm　0.5cm

0.5cm

16cm

装提手

D 斜挎包　　photo p.8

【材料】
亚麻布（浅驼色）142cm×80cm
厚棉布（驼色）65cm×45cm
钩扣 内直径 3cm 2 颗
日字扣 内直径 3cm 1 颗
D 形扣 内直径 2cm 2 颗
磁扣 直径 2cm 1 套
厚纸、布用印台

【成品尺寸】

配有内兜

3cm

2.5cm

DES JOURS
CHARMANTS

26cm

8cm

32cm

【制图】单位 cm　　除特别指出以外，缝份均为 1cm

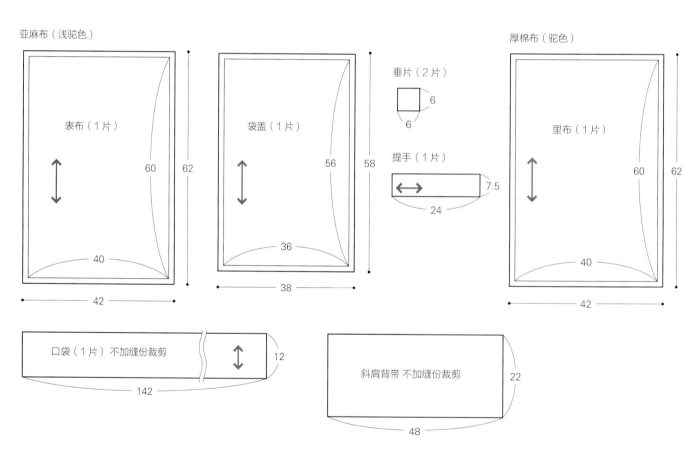

亚麻布（浅驼色）

表布（1 片）

60　62

40

42

袋盖（1 片）

56　58

36

38

垂片（2 片）

6

6

提手（1 片）

7.5

24

厚棉布（驼色）

里布（1 片）

60　62

40

42

口袋（1 片）不加缝份裁剪

12

142

斜肩背带 不加缝份裁剪

22

48

40

如何制作

1. 制作外袋

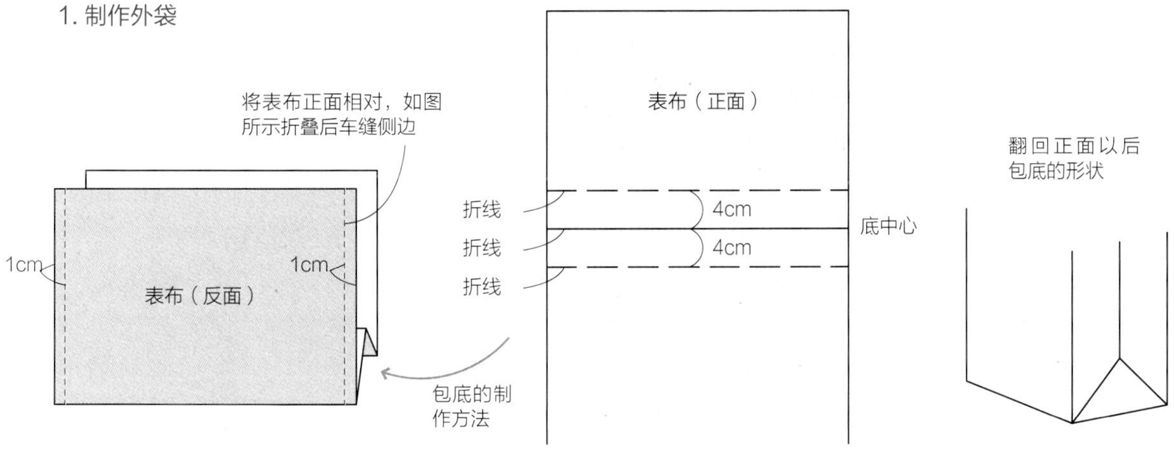

将表布正面相对，如图所示折叠后车缝侧边

表布（正面）

1cm ← → 1cm

表布（反面）

折线　　4cm
折线　　4cm　底中心
折线

翻回正面以后包底的形状

包底的制作方法

参照 P.29 包底的制作方法 2

2. 制作内口袋

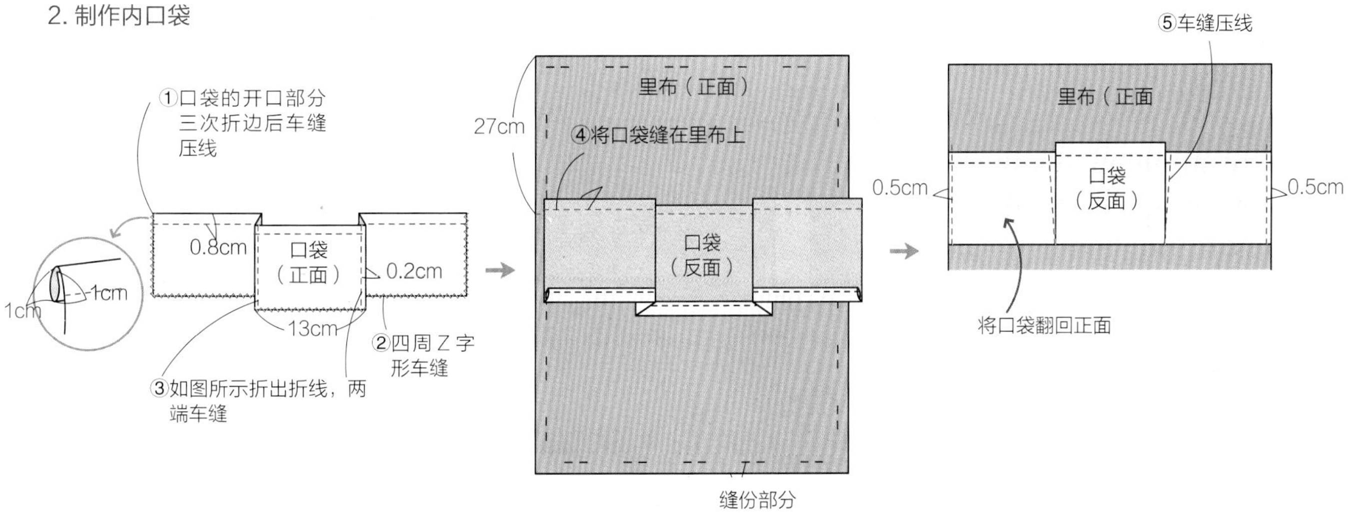

①口袋的开口部分三次折边后车缝压线

0.8cm　口袋（正面）　0.2cm

1cm　1cm

13cm

③如图所示折出折线，两端车缝

②四周 Z 字形车缝

里布（正面）

27cm

④将口袋缝在里布上

口袋（反面）

缝份部分

⑤车缝压线

里布（正面）

0.5cm　口袋（反面）　0.5cm

将口袋翻回正面

3. 制作内袋

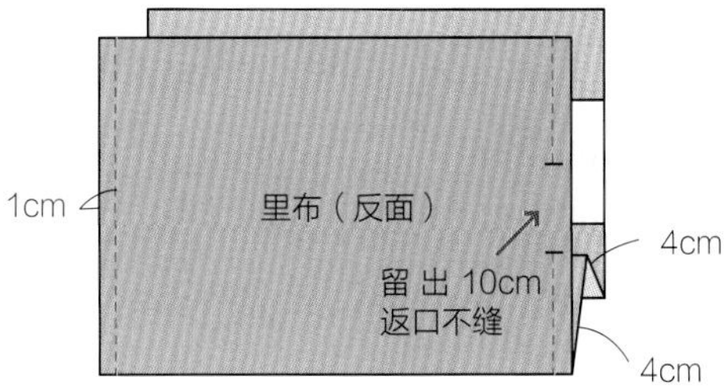

1cm

里布（反面）

留出 10cm 返口不缝

4cm

4cm

同外袋一样折叠做出包底

4. 制作袋盖

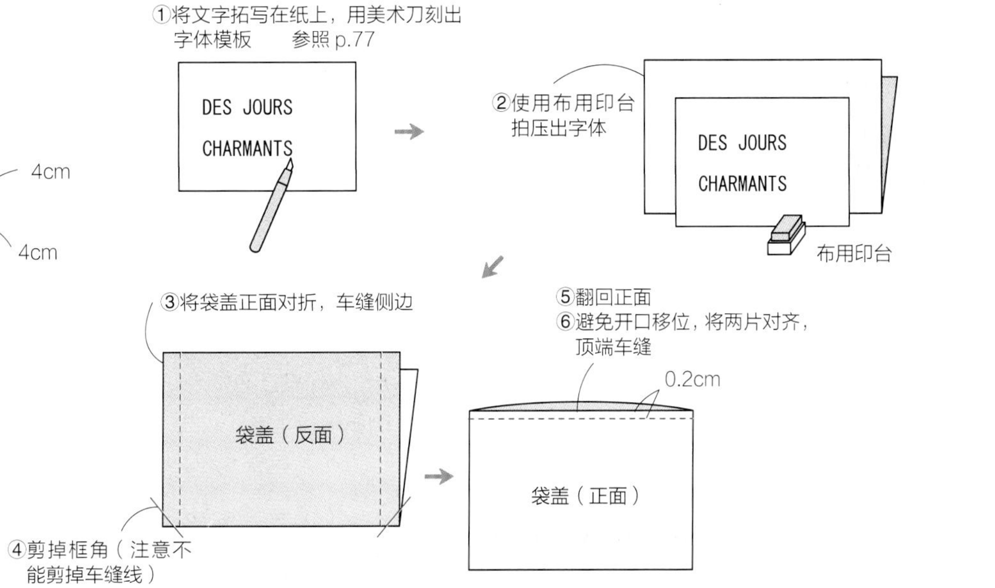

①将文字拓写在纸上，用美术刀刻出字体模板　参照 p.77

DES JOURS CHARMANTS

②使用布用印台拍压出字体

DES JOURS CHARMANTS

布用印台

③将袋盖正面对折，车缝侧边

袋盖（反面）

④剪掉框角（注意不能剪掉车缝线）

⑤翻回正面
⑥避免开口移位，将两片对齐，顶端车缝

0.2cm

袋盖（正面）

5. 制作斜背肩带和提手

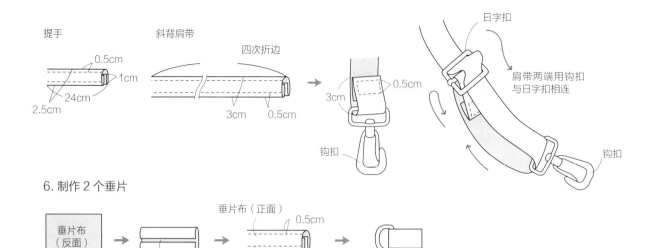

6. 制作2个垂片

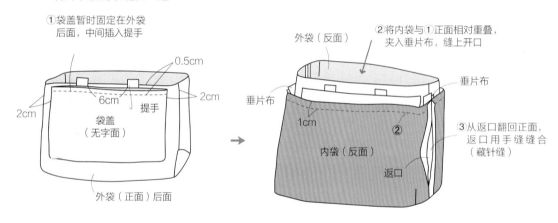

7. 将外袋和内袋缝在一起

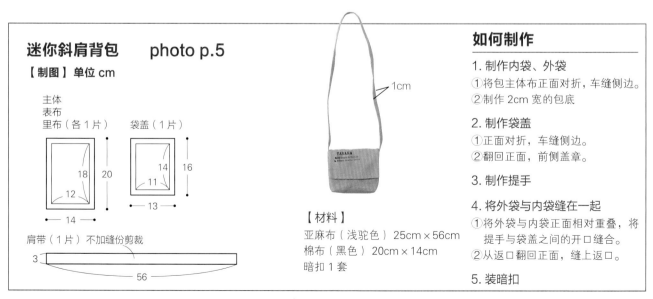

① 袋盖暂时固定在外袋后面，中间插入提手

0.5cm

2cm
6cm
提手
2cm

袋盖（无字面）

外袋（正面）后面

② 将内袋与①正面相对重叠，夹入垂片布，缝上开口

外袋（反面）

垂片布
垂片布

1cm

内袋（反面）

返口

③ 从返口翻回正面，返口用手缝缝合（藏针缝）

迷你斜肩背包　　photo p.5

【制图】单位 cm

主体
表布
里布（各1片）

18
20
12
14

袋盖（1片）

14
11
16
13

肩带（1片）不加缝份剪裁

3
56

1cm

【材料】
亚麻布（浅驼色）25cm × 56cm
棉布（黑色）20cm × 14cm
暗扣1套

如何制作

1. 制作内袋、外袋
① 将包主体布正面对折，车缝侧边。
② 制作2cm宽的包底

2. 制作袋盖
① 正面对折，车缝侧边。
② 翻回正面，前侧盖章。

3. 制作提手

4. 将外袋与内袋缝在一起
① 将外袋与内袋正面相对重叠，将提手与袋盖之间的开口缝合。
② 从返口翻回正面，缝上返口。

5. 装暗扣

E 波点羊毛布包　　photo p.9

【材料】

波点羊毛布 44cm×56cm

厚棉布（灰白色）44cm×56cm

2.5cm 宽 亚麻编织带 60cm

毛球 直径 2cm 2 个

毛线（细）70cm

【成品尺寸】

长 28cm

2.5cm

22cm

8cm

40cm

【制图】单位 cm　　除特别指出以外，缝份均为 1cm

波点羊毛

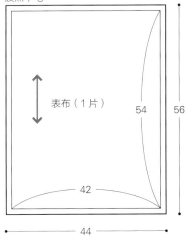

表布（1 片）

54

56

42

44

厚棉布（灰白色）

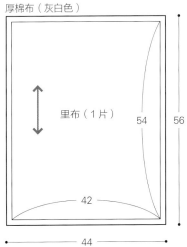

里布（1 片）

54

56

42

44

如何制作

1. 制作外袋和内袋

① 正面相对折叠，缝侧边
② 熨开缝份

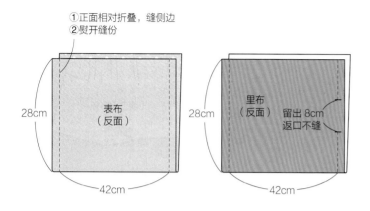

28cm
表布（反面）
42cm

28cm
里布（反面）　留出8cm返口不缝
42cm

2. 将外袋和内袋正面相对叠缝在一起

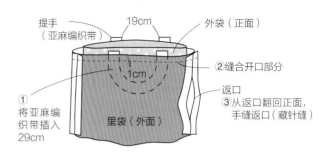

提手（亚麻编织带）　19cm　外袋（正面）
② 缝合开口部分
1cm
返口
③ 从返口翻回正面，手缝返口（藏针缝）
① 将亚麻编织带插入29cm
里袋（外面）

3. 制作细皱褶

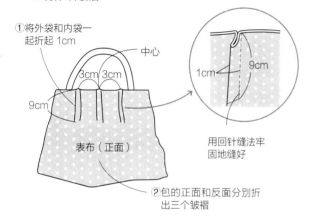

① 将外袋和内袋一起折起1cm
中心
3cm 3cm
9cm
表布（正面）
② 包的正面和反面分别折出三个皱褶

1cm　9cm
用回针缝法牢固地缝好

4. 制作包底

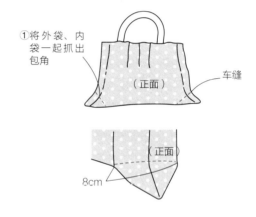

① 将外袋、内袋一起抓出包角
（正面）　车缝

（正面）
8cm

5. 为了牢固提手加入压线

用黑色车缝线车缝
1cm
3cm

6. 用毛线缝上毛球

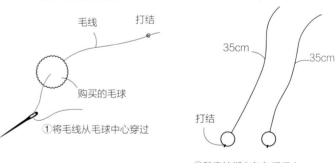

毛线　打结
购买的毛球
① 将毛线从毛球中心穿过

35cm　35cm
打结
② 随意地绑在包包提手上

也可以用毛线自己制作毛球

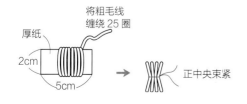

将粗毛线缠绕25圈
厚纸
2cm
5cm
正中央束紧

剪开对折部分
松开毛线，剪出圆形
2cm

F,G 印花小挎包和化妆包　　photo p.10~11

【材料】
花纹棉麻布 135cm × 50cm
棉布 26cm × 62cm
20cm 拉链 1 条
花纹蕾丝 40cm

【成品尺寸】

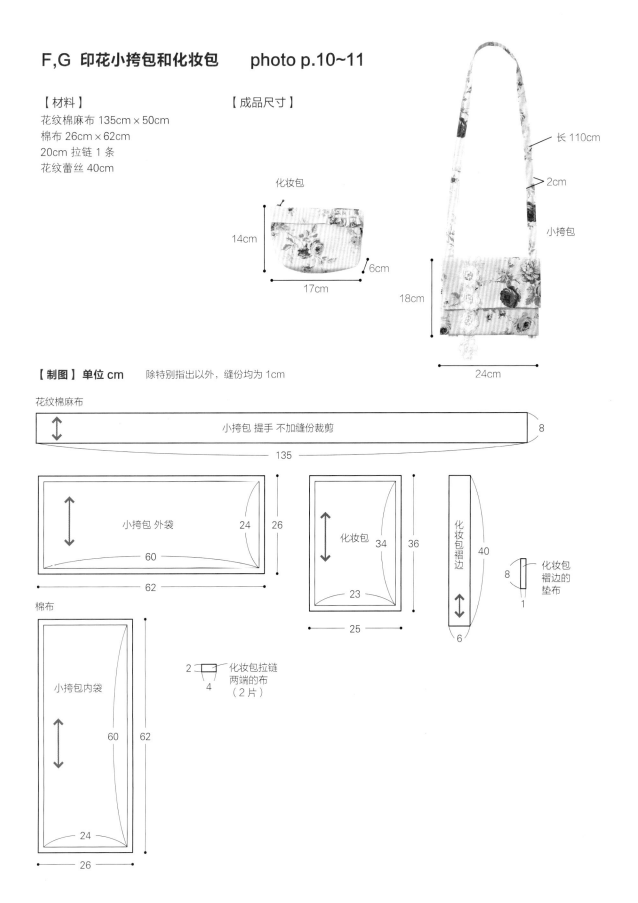

化妆包

14cm
17cm
6cm

长 110cm

2cm

小挎包

18cm

24cm

【制图】 单位 cm　　除特别指出以外，缝份均为 1cm

花纹棉麻布

小挎包 提手 不加缝份裁剪
8
135

小挎包 外袋
24
26
60
62

化妆包
34
36
23
25

化妆包褶边
40
6

化妆包褶边的垫布
8
1

棉布

小挎包内袋
60
62
24
26

化妆包拉链两端的布
（2 片）
2
4

如何制作 F 印花小挎包

1. 制作肩带

制作一条长 133cm、宽 2cm 的肩带

四折边

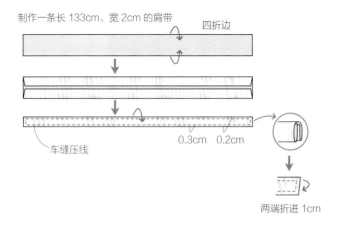

车缝压线

0.3cm　0.2cm

两端折进 1cm

2. 在外袋外侧缝上蕾丝花边和肩带

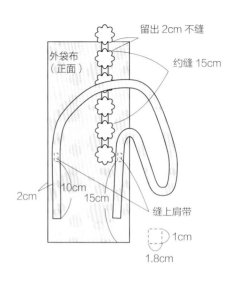

外袋布（正面）

留出 2cm 不缝

约缝 15cm

2cm　10cm　15cm

缝上肩带

2cm

10cm

15cm

1cm

1.8cm

3. 制作外袋和内袋

分别将外袋、内袋正面相对对折，车缝侧边。
注意不要把蕾丝和肩带缝进去

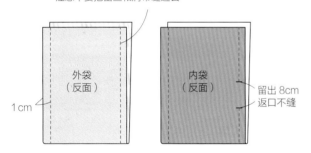

外袋（反面）

内袋（反面）

1cm

留出 8cm
返口不缝

4. 外袋和内袋正面相对叠缝在一起，从返口翻回正面

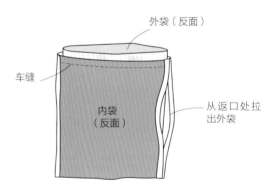

外袋（反面）

车缝

内袋（反面）

从返口处拉
出外袋

5. 手缝返口（藏针缝）

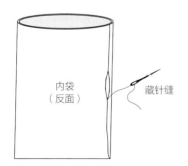

内袋（反面）

藏针缝

如何制作 G 印花化妆包

1. 在拉链两端缝上装饰布

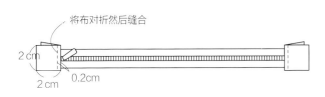

将布对折然后缝合

2 cm
2 cm
0.2cm

2. 制作褶边

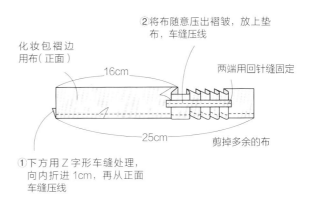

②将布随意压出褶皱，放上垫布，车缝压线

化妆包褶边用布（正面）

16cm

两端用回针缝固定

25cm

剪掉多余的布

①下方用 Z 字形车缝处理，向内折进 1cm，再从正面车缝压线

3. 将褶边布暂时固定到化妆包主体布上

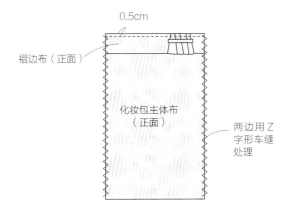

0.5cm

褶边布（正面）

化妆包主体布
（正面）

两边用 Z 字形车缝处理

4. 安装拉链

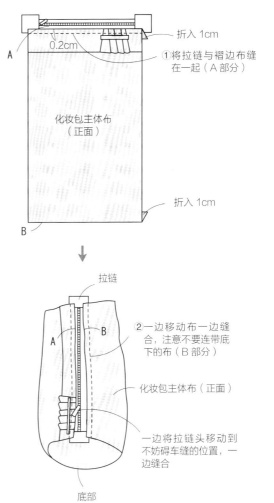

折入 1cm

0.2cm

A

①将拉链与褶边布缝在一起（A 部分）

化妆包主体布
（正面）

折入 1cm

B

拉链

②一边移动布一边缝合，注意不要连带底下的布（B 部分）

A   B

化妆包主体布（正面）

一边将拉链头移动到不妨碍车缝的位置，一边缝合

底部

5. 正面对折缝侧边，做包底

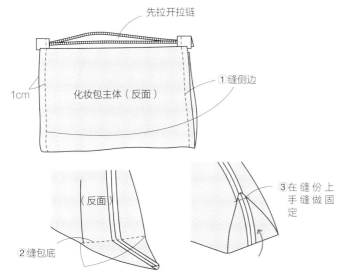

先拉开拉链

①缝侧边

1cm

化妆包主体（反面）

（反面）

②缝包底

③在缝份上手缝做固定

H 午餐袋　photo p.12

【材料】

亚麻布（酒红色）55cm×40cm
印花棉布 55cm×45cm
棉布 圆形蕾丝 35cm×20cm
亚麻布（原色）15cm×15cm
垫布（原色亚麻布）
粘合衬 35cm×35cm
3mm 宽 皮绳

【成品尺寸】

配有内兜

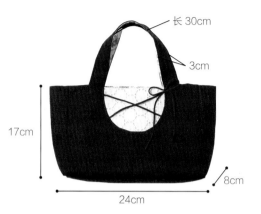

长 30cm
3cm
17cm
8cm
24cm

【制图】单位 cm　　除特别指出以外，缝份均为 1cm

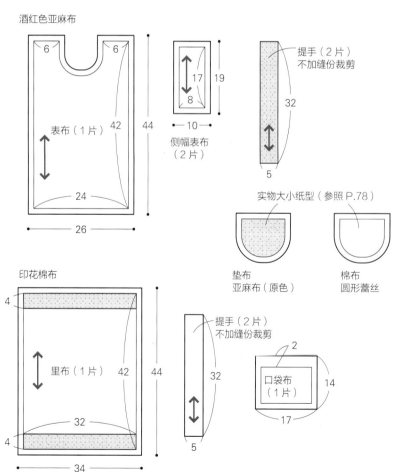

部分贴上粘合衬

酒红色亚麻布

6　6
表布（1片）42　44
24
26

17　19
8
—10—
侧幅表布
（2片）

提手（2片）
不加缝份裁剪
32
5

实物大小纸型（参照 P.78）

垫布
亚麻布（原色）

棉布
圆形蕾丝

印花棉布

4
里布（1片）42　44
32
4
34

提手（2片）
不加缝份裁剪
32
5

2
口袋布
（1片）14
17

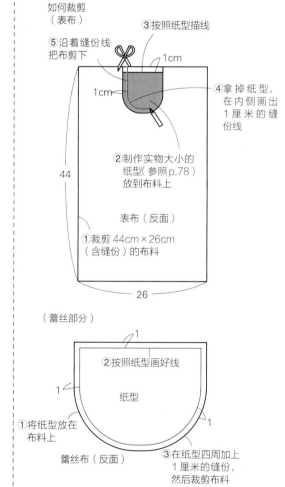

如何裁剪
（表布）

③按照纸型描线
⑤沿着缝份线
把布剪下
1cm
1cm
④拿掉纸型，
在内侧画出
1厘米的缝
份线
②制作实物大小的
纸型（参照 p.78）
放到布料上
表布（反面）
①裁剪 44cm×26cm
（含缝份）的布料
44
26

（蕾丝部分）

1
②按照纸型画好线
纸型
1
①将纸型放在
布料上
蕾丝布（反面）
③在纸型四周加上
1厘米的缝份，
然后裁剪布料
1

如何制作

1. 制作表布

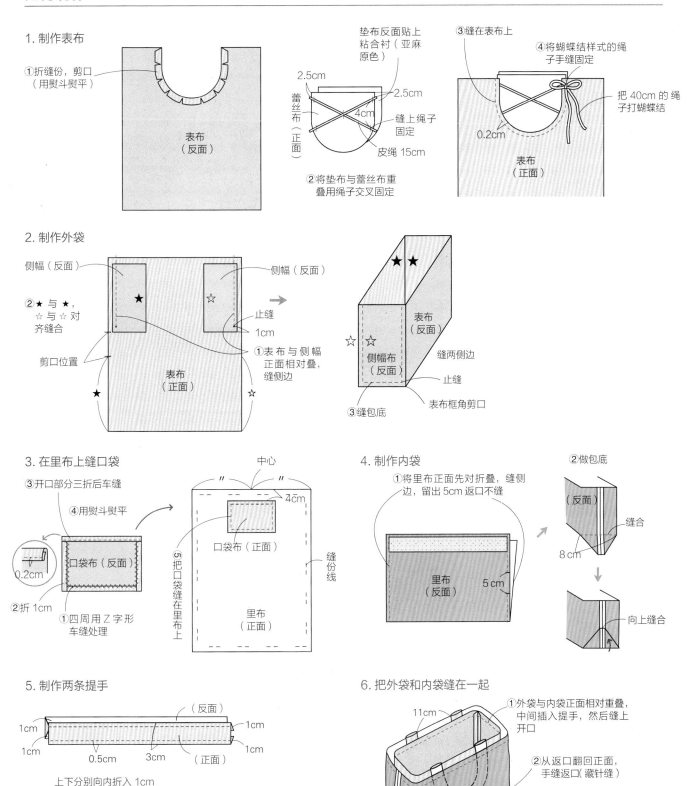

①折缝份，剪口
（用熨斗熨平）

表布
（反面）

垫布反面贴上
粘合衬（亚麻
原色）

蕾丝布
（正面）

2.5cm

2.5cm

4cm

缝上绳子
固定

皮绳 15cm

②将垫布与蕾丝布重
叠用绳子交叉固定

③缝在表布上

④将蝴蝶结样式的绳
子手缝固定

把 40cm 的绳
子打蝴蝶结

0.2cm

表布
（正面）

2. 制作外袋

侧幅（反面）

侧幅（反面）

②★ 与 ★，
☆ 与 ☆ 对
齐缝合

止缝
1cm

剪口位置

①表布与侧幅
正面相对叠，
缝侧边

★

☆

表布
（正面）

★★

☆

☆

表布
（反面）

侧幅布
（反面）

缝两侧边

止缝

表布框角剪口

③缝包底

3. 在里布上缝口袋

③开口部分三折后车缝

④用熨斗熨平

0.2cm

②折 1cm

口袋布（反面）

①四周用 Z 字形
车缝处理

中心

4cm

口袋布（正面）

⑤把口袋缝在里布上

缝份线

里布
（正面）

4. 制作内袋

①将里布正面先对折叠，缝侧
边，留出5cm返口不缝

里布
（反面）

5cm

②做包底

（反面）

缝合

8cm

向上缝合

5. 制作两条提手

（反面）

1cm

1cm

1cm

1cm

0.5cm

3cm

（正面）

上下分别向内折入1cm
里布和表布反面相对重叠缝在一起

6. 把外袋和内袋缝在一起

11cm

①外袋与内袋正面相对重叠，
中间插入提手，然后缝上
开口

②从返口翻回正面，
手缝返口（藏针缝）

返口

I 横式袋盖背包　photo p.13

【材料】
厚棉布（印花）55cm×45cm
棉布（灰色）60cm×50cm
棉布（灰白色）14cm×22cm
棉布（咖啡色）14cm×22cm
拉链 30cm 1 条
磁扣 直径 1.5cm 1 套
皮革 10cm×4cm
合成皮革提手（深咖啡色）全长 60cm 宽约 2cm

【成品尺寸】

配有内兜

长 48cm

15cm

30cm

10cm

【制图】单位 cm　　除特别指出以外，缝份均为 1cm

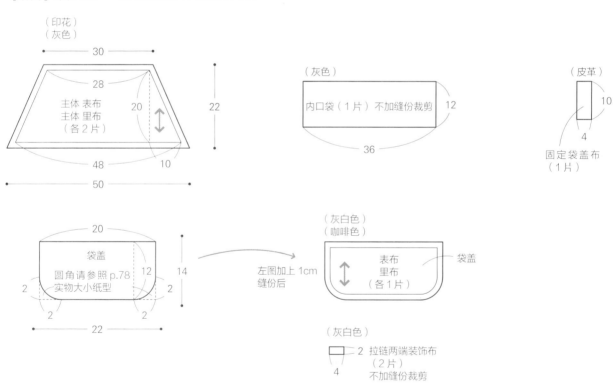

（印花）
（灰色）

30

28

主体 表布
主体 里布
（各 2 片）

20

22

48

10

50

（灰色）

内口袋（1 片）不加缝份裁剪

12

36

（皮革）

10

4

固定袋盖布
（1 片）

20

袋盖
圆角请参照 p.78
实物大小纸型

2

2

12

2

2

14

22

左图加上 1cm
缝份后

（灰白色）
（咖啡色）

表布
里布
（各 1 片）

袋盖

（灰白色）

2

4

拉链两端装饰布
（2 片）
不加缝份裁剪

如何制作

1. 拉链两端加装饰布

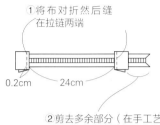

①将布对折然后缝
在拉链两端

0.2cm　24cm

②剪去多余部分（在手工艺
店可以调整拉链的长度）

2. 在表布上安装拉链

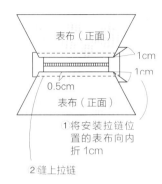

表布（正面）

1cm
1cm
0.5cm

表布（正面）

①将安装拉链位
置的表布向内
折1cm

②缝上拉链

3. 制作外袋

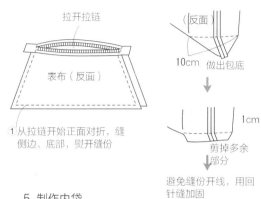

拉开拉链

表布（反面）

①从拉链开始正面对折，缝
侧边、底部，熨开缝份

（反面）

10cm　做出包底

1cm

剪掉多余
部分

避免缝份开线，用回
针缝加固

布边用Z字形车缝

4. 制作内口袋

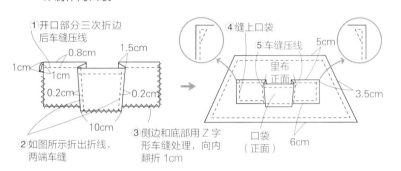

①开口部分三次折边
后车缝压线

0.8cm　1.5cm

1cm

1cm

0.2cm　0.2cm

10cm

②如图所示折出折线，
两端车缝

③侧边和底部用Z字
形车缝处理，向内
翻折1cm

④缝上口袋

5 车缝压线　5cm

里布
正面

3.5cm

口袋
（正面）

6cm

5. 制作内袋

①两片内布正面相对
重叠，缝合侧边和底
部。熨开缝份。

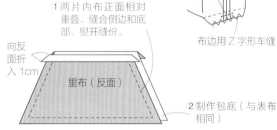

向反
面折
入1cm

里布（反面）

②制作包底（与表布
相同）

6. 制作袋盖

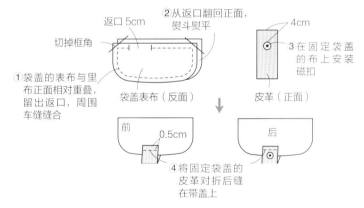

返口5cm

②从返口翻回正面，
熨斗熨平

切掉框角

①袋盖的表布与里
布正面相对重叠，
留出返口，周围
车缝缝合

袋盖表布（反面）

4cm

3 在固定袋盖
的布上安装
磁扣

皮革（正面）

前　0.5cm

后

④将固定袋盖的
皮革对折后缝
在带盖上

7. 将袋盖和磁扣缝到外袋上

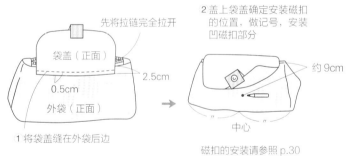

先将拉链完全拉开

袋盖（正面）

2.5cm
0.5cm

外袋（正面）

①将袋盖缝在外袋后边

2盖上袋盖确定安装磁扣
的位置，做记号，安装
凹磁扣部分

约9cm

中心

磁扣的安装请参照p.30

8. 将外袋和内袋缝在一起

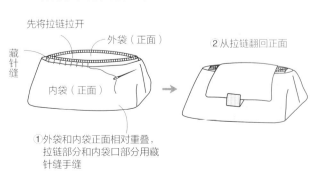

先将拉链拉开

外袋（正面）

藏针缝

内袋（正面）

①外袋和内袋正面相对重叠，
拉链部分和内袋口部分用藏
针缝手缝

②从拉链翻回正面

9. 缝提手

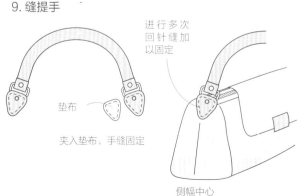

进行多次
回针缝加
以固定

垫布

夹入垫布，手缝固定

侧幅中心

J 海军风条纹包　photo p.14

【材料】
帆布 11 号（米白色）60cm×40cm
厚棉布（藏蓝色）28cm×12cm
翻毛皮或者不织布（藏蓝色）24cm×38cm
棉布（条纹）60cm×80cm
1cm 宽棉布绳 100cm×2 根
鸡眼扣 直径 1.5cm 4 颗

【配饰材料】
0.2cm 圆绳 35cm
皮革或不织布（白色）7cm×4cm
鸡眼扣 直径 0.6cm 1 颗

【成品尺寸】

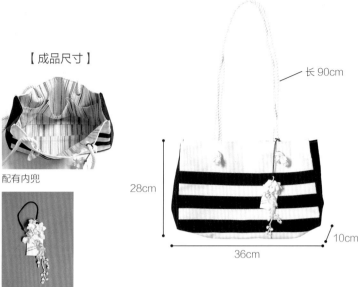

配有内兜

配饰

【制图】单位 cm　　除特别指出以外，缝份均为 1cm

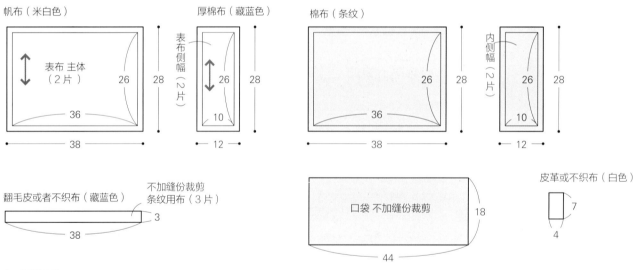

帆布（米白色）
表布 主体（2 片）　36　26　38　28

厚棉布（藏蓝色）
表布侧幅（2 片）　26　10　12　28

棉布（条纹）
36　26　38　28

内侧幅（2 片）　26　10　12　28

翻毛皮或者不织布（藏蓝色）
不加缝份裁剪 条纹用布（3 片）
38　3

口袋 不加缝份裁剪
44　18

皮革或不织布（白色）
7　4

如何制作

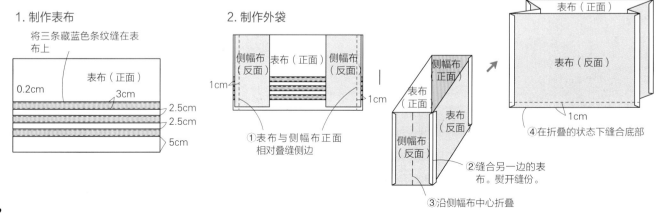

1. 制作表布

将三条藏蓝色条纹缝在表布上
表布（正面）
0.2cm　3cm
2.5cm
2.5cm
5cm

2. 制作外袋

侧幅布（反面）　表布（正面）　侧幅布（反面）
1cm　1cm
①表布与侧幅布正面相对叠缝侧边

侧幅布正面
表布（正面）
表布（反面）
侧幅布（反面）
③沿侧幅布中心折叠
②缝合另一边的表布。熨开缝份。

表布（正面）
表布（反面）
1cm
④在折叠的状态下缝合底部

3. 制作内口袋

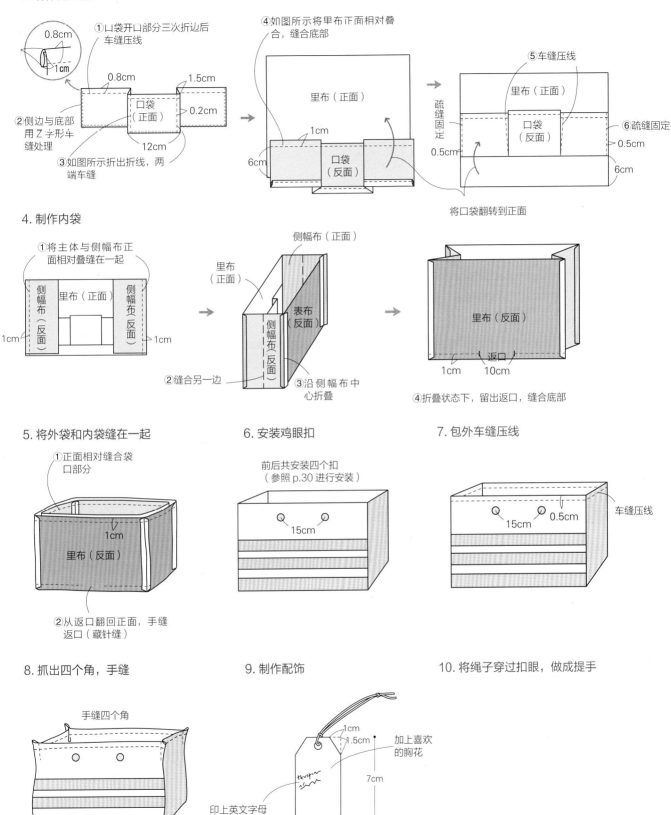

0.8cm
1cm

① 口袋开口部分三次折边后车缝压线

0.8cm
1.5cm

口袋（正面）
0.2cm

② 侧边与底部用 Z 字形车缝处理

12cm

③ 如图所示折出折线，两端车缝

④ 如图所示将里布正面相对叠合，缝合底部

里布（正面）

1cm

6cm

口袋（反面）

⑤ 车缝压线

里布（正面）

疏缝固定

口袋（反面）

⑥ 疏缝固定

0.5cm

0.5cm

6cm

将口袋翻转到正面

4. 制作内袋

① 将主体与侧幅布正面相对叠缝在一起

侧幅布（反面）
里布（正面）
侧幅布（反面）

1cm
1cm

侧幅布（正面）

里布（正面）

表布（反面）

侧幅布（反面）

② 缝合另一边

③ 沿侧幅布中心折叠

里布（反面）

1cm
10cm

返口

④ 折叠状态下，留出返口，缝合底部

5. 将外袋和内袋缝在一起

① 正面相对缝合袋口部分

1cm

里布（反面）

② 从返口翻回正面，手缝返口（藏针缝）

6. 安装鸡眼扣

前后共安装四个扣
（参照 p.30 进行安装）

15cm

7. 包外车缝压线

15cm
0.5cm

车缝压线

8. 抓出四个角，手缝

手缝四个角

9. 制作配饰

1cm
1.5cm

7cm

加上喜欢的胸花

印上英文字母

4cm

10. 将绳子穿过扣眼，做成提手

K 羊毛圆筒波士顿包　photo p.15

【材料】
压缩羊毛布 50cm×65cm
厚棉布 50cm×65 cm
30cm 拉链 1 条
鸡眼扣 直径 0.8cm 2 颗
0.3cm 宽 皮质缎带 白色 40cm

【成品尺寸】

内配口袋

14cm

34cm

【制图】 单位 cm　　除特别指出以外，缝份均为 1cm

压缩羊毛布

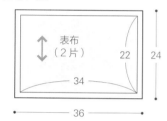

表布
（2 片）

22

24

34

36

表侧幅布（2 片）

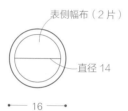

直径 14

16

拉链两端装饰布（2 片）
不加缝份裁剪

2

2

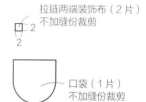

口袋（1 片）
不加缝份裁剪

12

口袋实物大小纸型 详见 p.78

厚棉布

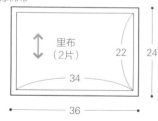

里布
（2 片）

22

24

34

36

里侧幅布（2 片）

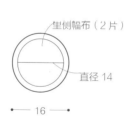

直径 14

16

垂片布（2 片）

4

6

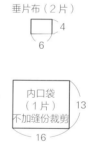

内口袋
（1 片）
不加缝份裁剪

13

16

提手（2 条）
不加缝份裁剪

32

7

如何制作

1. 在表布上装拉链

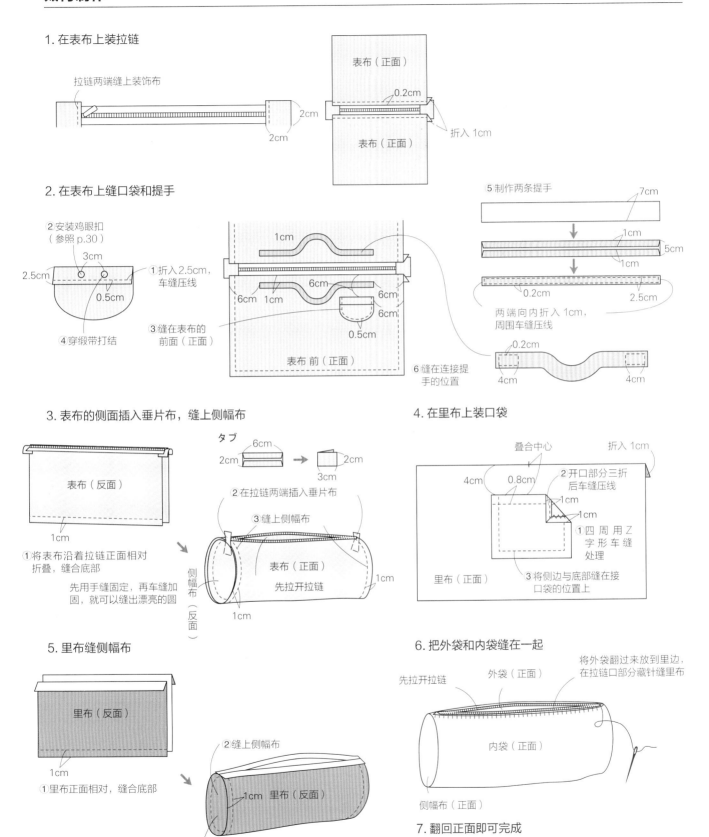

拉链两端缝上装饰布

2cm

2cm

表布（正面）

0.2cm

表布（正面）

折入 1cm

2. 在表布上缝口袋和提手

②安装鸡眼扣
（参照 p.30）

3cm

2.5cm

0.5cm

④穿缎带打结

①折入 2.5cm，
车缝压线

③缝在表布的
前面（正面）

1cm

6cm

6cm 1cm

6cm

6cm

6cm

0.5cm

表布 前（正面）

⑥缝在连接提
手的位置

5 制作两条提手

7cm

1cm

5cm

1cm

0.2cm

2.5cm

两端向内折入 1cm，
周围车缝压线

0.2cm

4cm

4cm

3. 表布的侧面插入垂片布，缝上侧幅布

表布（反面）

1cm

①将表布沿着拉链正面相对
折叠，缝合底部

先用手缝固定，再车缝加
固，就可以缝出漂亮的圆

タブ

6cm

2cm

3cm

2cm

②在拉链两端插入垂片布

③缝上侧幅布

侧幅布（反面）

表布（正面）

先拉开拉链

1cm

1cm

4. 在里布上装口袋

叠合中心

折入 1cm

4cm

0.8cm

②开口部分三折
后车缝压线

1cm

1cm

①四周用Z
字形车缝
处理

里布（正面）

③将侧边与底部缝在接
口袋的位置上

5. 里布缝侧幅布

里布（反面）

1cm

①里布正面相对，缝合底部

②缝上侧幅布

1cm 里布（反面）

里布侧幅布（反面）

6. 把外袋和内袋缝在一起

将外袋翻过来放到里边，
在拉链口部分藏针缝里布

先拉开拉链

外袋（正面）

内袋（正面）

侧幅布（正面）

7. 翻回正面即可完成

L,M 牛仔布水桶包和发圈　photo p.17

【材料】
牛仔布（藏蓝色）50cm×100cm
厚棉布（黄色）80cm×80cm
亚麻圆绳 160cm
牛仔布用车缝线 20 号 黄色（压线用）
车缝针 14 号
30cm 拉链 1 条
0.2cm 宽 橡皮筋（发圈用）25cm

【成品尺寸】

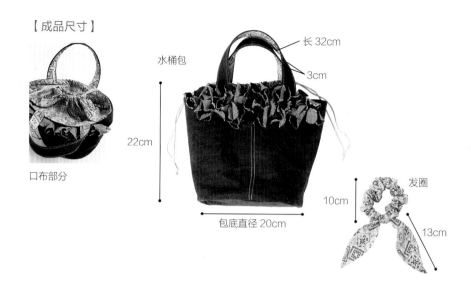

口布部分

水桶包
长 32cm
3cm
22cm
包底直径 20cm

发圈
10cm
13cm

【制图】单位 cm　除特别指出以外，缝份均为 1cm

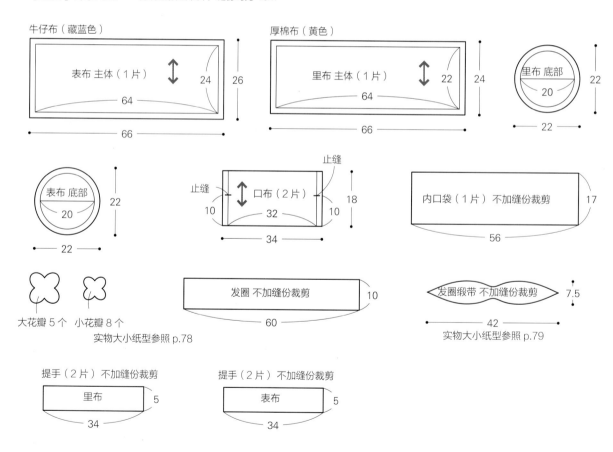

牛仔布（藏蓝色）
表布 主体（1 片）
24　26　64　66

厚棉布（黄色）
里布 主体（1 片）
22　24　64　66

里布 底部
20　22　22

表布 底部
20　22　22

止缝　止缝
口布（2 片）
10　32　10　18　34

内口袋（1 片）不加缝份裁剪
17　56

大花瓣 5 个　小花瓣 8 个

发圈 不加缝份裁剪
10　60

实物大小纸型参照 p.78

发圈缎带 不加缝份裁剪
7.5　42

实物大小纸型参照 p.79

提手（2 片）不加缝份裁剪
里布　5　34

提手（2 片）不加缝份裁剪
表布　5　34

如何制作

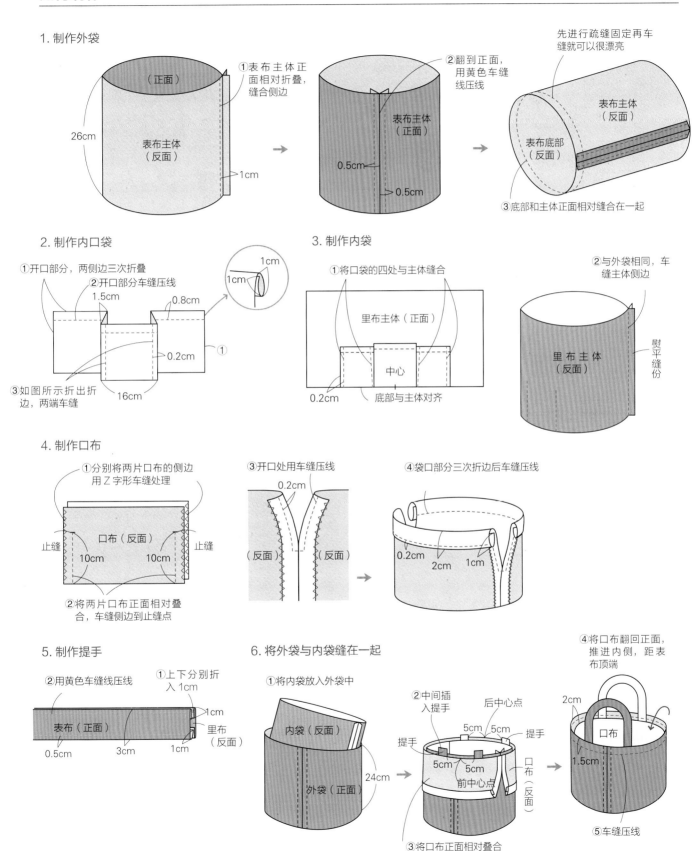

1. 制作外袋

①表布主体正面相对折叠，缝合侧边
（正面）
26cm
表布主体（反面）
1cm

②翻到正面，用黄色车缝线压线
表布主体（正面）
0.5cm
0.5cm

先进行疏缝固定再车缝就可以很漂亮
表布主体（反面）
表布底部（反面）
③底部和主体正面相对缝合在一起

2. 制作内口袋

①开口部分，两侧边三次折叠
②开口部分车缝压线
1.5cm
0.8cm
1cm
1cm
0.2cm
①
③如图所示折出折边，两端车缝
16cm

3. 制作内袋

①将口袋的四处与主体缝合
里布主体（正面）
中心
0.2cm
底部与主体对齐

②与外袋相同，车缝主体侧边
里布主体（反面）
熨平缝份

4. 制作口布

①分别将两片口布的侧边用Z字形车缝处理
口布（反面）
止缝
止缝
10cm
10cm
②将两片口布正面相对叠合，车缝侧边到止缝点

③开口处用车缝压线
0.2cm
（反面）
（反面）

④袋口部分三次折边后车缝压线
0.2cm
2cm
1cm

5. 制作提手

②用黄色车缝线压线
①上下分别折入1cm
表布（正面）
里布（反面）
1cm
1cm
0.5cm
3cm

6. 将外袋与内袋缝在一起

①将内袋放入外袋中
内袋（反面）
外袋（正面）
24cm

②中间插入提手
后中心点
提手
提手
5cm
5cm
5cm
5cm
口布（反面）
前中心点
③将口布正面相对叠合

④将口布翻回正面，推进内侧，距表布顶端
2cm
口布
1.5cm
⑤车缝压线

7. 口布穿绳

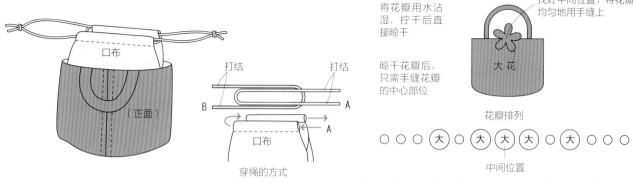

将花瓣用水沾湿，拧干后直接晾干

晾干花瓣后，只需手缝花瓣的中心部位

找好中间位置，将花瓣均匀地用手缝上

大花

口布

（正面）

打结　打结

B　　　　A

A

口布

穿绳的方式

花瓣排列

○ ○ ○ 大 ○ 大 大 大 ○ 大 ○ ○ ○

中间位置

（布料薄时，需要先将布料浸泡进加入 2 汤匙黏合剂的 100ml 温水中，晾干后方可使用）

如何制作 M 发圈

1. 制作发圈主体

① 将发圈布正面相对折叠后缝合

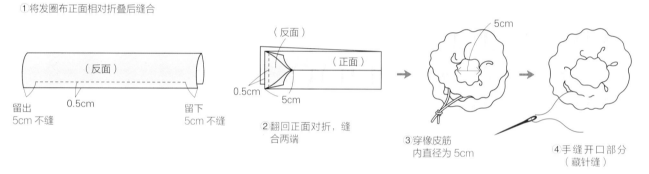

（反面）

留出 5cm 不缝　　0.5cm　　留下 5cm 不缝

（反面）

0.5cm

5cm

（正面）

② 翻回正面对折，缝合两端

5cm

③ 穿橡皮筋内直径为 5cm

④ 手缝开口部分（藏针缝）

2. 制作缎带

① 按照纸型裁剪布料四周用 Z 字形车缝处理

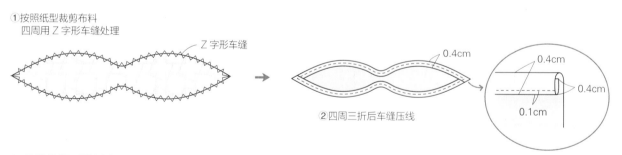

Z 字形车缝

0.4cm

② 四周三折后车缝压线

0.4cm

0.4cm

0.1cm

3. 将缎带绑到发圈上

N 帽子包　photo p.18

【材料】
棉布（黄褐色）50cm×55cm
亚麻布（驼色）50cm×55cm
蕾丝布 30cm×13cm
皮革 11cm×18cm
暗扣 直径 1cm 1 套
皮质提手 38cm（宽 1cm 配 D 型扣）

【成品尺寸】

18cm

38cm

【制图】单位 cm　　除特别指出以外，缝份均为 1cm

▢ 部分贴上粘合衬　　　　※ 缩小的纸型　　参照 p.79

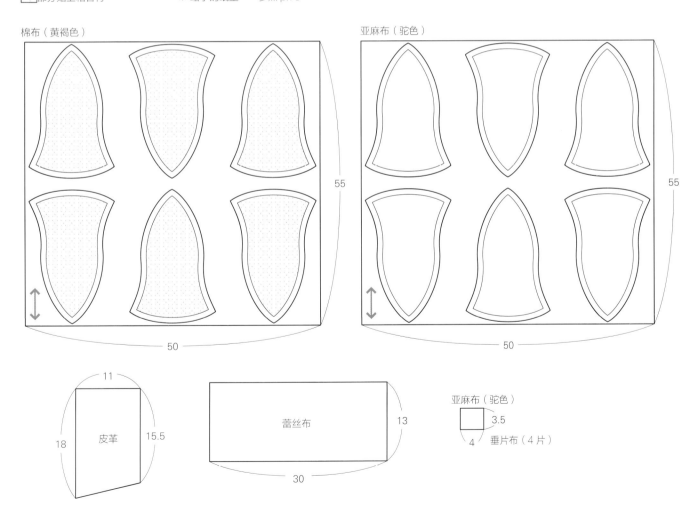

棉布（黄褐色）

55

50

亚麻布（驼色）

55

50

11

皮革

18　　15.5

蕾丝布

13

30

亚麻布（驼色）

3.5

4

垂片布（4 片）

如何制作

1. 制作外袋

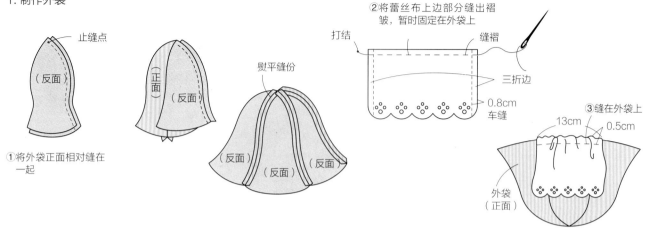

① 将外袋正面相对缝在一起

止缝点

（反面）

（正面）（反面）

熨平缝份

（反面）（反面）（反面）

② 将蕾丝布上边部分缝出褶皱，暂时固定在外袋上

打结　　　　　　　　　缝褶

三折边

0.8cm 车缝

③ 缝在外袋上

13cm　　0.5cm

外袋（正面）

2. 制作内袋

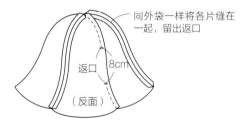

同外袋一样将各片缝在一起，留出返口

返口　　8cm

（反面）

3. 制作 4 块垂片布

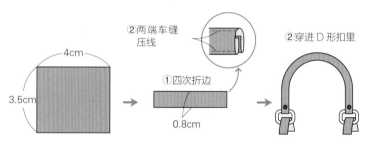

② 两端车缝压线

4cm

3.5cm

① 四次折边

0.8cm

② 穿进 D 形扣里

4. 将外袋与内袋正面相对叠缝在一起

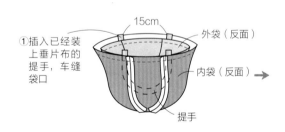

① 插入已经装上垂片布的提手，车缝袋口

15cm

外袋（反面）

内袋（反面）

提手

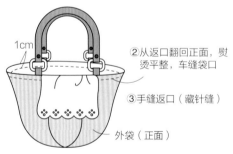

1cm

② 从返口翻回正面，熨烫平整，车缝袋口

③ 手缝返口（藏针缝）

外袋（正面）

5. 安装皮革袋盖

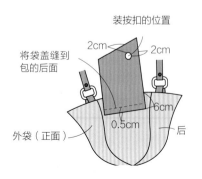

装按扣的位置

将袋盖缝到包的后面

2cm　2cm

6cm

0.5cm　后

外袋（正面）

6. 安装按扣

※ 安装方法参照 P.31

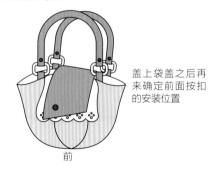

盖上袋盖之后再来确定前面按扣的安装位置

前

O 皮革十字架小挎包　photo p.19

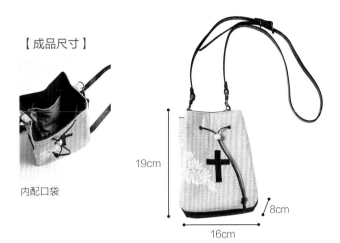

【材料】
亚麻布（原色）40cm×40cm
厚棉布（咖啡色）35cm×65cm
皮革（1 毫米以下厚度薄皮）
20cm×30cm
0.3cm 宽皮绳 75cm
D 形扣 内直径 1.5cm 2 颗
鸡眼扣 直径 0.7cm 8 颗
有 C 形扣的皮质肩带 1 颗
蕾丝 1 片
木珠 直径 1.2cm 1 颗

【成品尺寸】

内配口袋

19cm
16cm
8cm

【制图】单位 cm　除特别指出以外，缝份均为 1cm

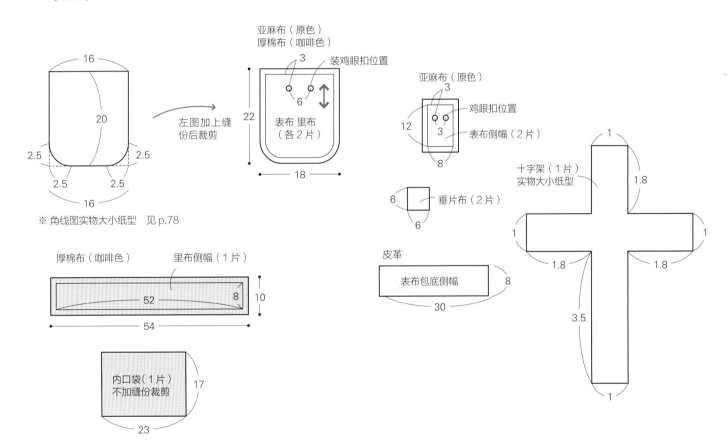

16
20
2.5　2.5
2.5　2.5
16

左图加上缝份后裁剪

※ 角线图实物大小纸型　见 p.78

亚麻布（原色）
厚棉布（咖啡色）
3
装鸡眼扣位置
6
22
表布　里布
（各 2 片）
18

亚麻布（原色）
3
鸡眼扣位置
12
3
表布侧幅（2 片）
8

6
垂片布（2 片）
6

皮革
表布包底侧幅
30
8

十字架（1 片）
实物大小纸型
1
1.8
1
1
1.8
1.8
3.5
1

厚棉布（咖啡色）　里布侧幅（1 片）
52
8
10
54

内口袋（1 片）
不加缝份裁剪
17
23

如何制作

1. 将皮质十字架缝在表布上

8.5cm

0.2cm
车缝压线

中心

2. 制作表布侧幅

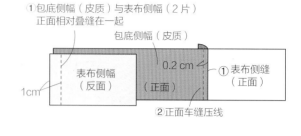

①包底侧幅（皮质）与表布侧幅（2片）
正面相对叠缝在一起

包底侧幅（皮质）

0.2 cm

表布侧幅
（反面）

（正面）

1cm

①表布侧缝
（正面）

②正面车缝压线

3. 制作外袋

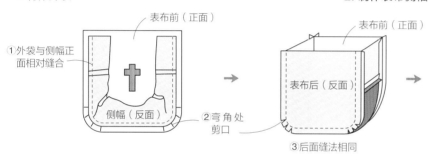

表布前（正面）

①外袋与侧幅正
面相对缝合

侧幅（反面）

②弯角处
剪口

表布前（正面）

表布后（反面）

③后面缝法相同

2. 制作表布侧幅

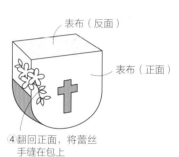

表布（反面）

表布（正面）

表布（正面）

④翻回正面，将蕾丝
手缝在包上

4. 制作内口袋

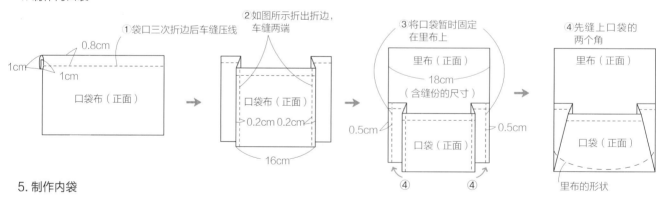

①袋口三次折边后车缝压线

0.8cm

1cm

1cm

口袋布（正面）

②如图所示折出折边，
车缝两端

口袋布（正面）

0.2cm 0.2cm

16cm

③将口袋暂时固定
在里布上

里布（正面）

18cm
（含缝份的尺寸）

0.5cm

口袋（正面）

0.5cm

④　　　　④

④先缝上口袋的
两个角

里布（正面）

口袋（正面）

里布的形状

5. 制作内袋

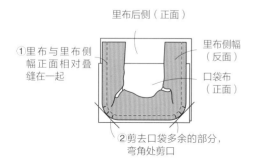

里布后侧（正面）

①里布与里布侧
幅正面相对叠
缝在一起

里布侧幅
（反面）

口袋布
（正面）

②剪去口袋多余的部分，
弯角处剪口

③里布前侧缝法相同
（留出返口）

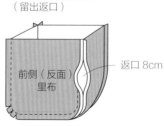

前侧（反面）
里布

返口 8cm

6. 制作 2 片垂片布

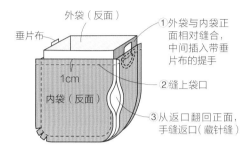

①四次折边后车缝

2cm　2cm
1cm
8cm　车缝

②套入 D 形扣

7. 将外袋与内袋缝在一起

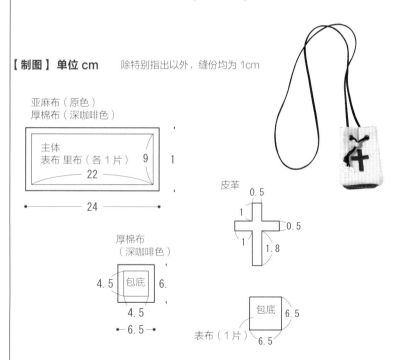

外袋（反面）

垂片布

1cm

内袋（反面）

①外袋与内袋正面相对缝合，中间插入带垂片布的提手

②缝上袋口

③从返口翻回正面，手缝返口（藏针缝）

8. 安装鸡眼扣，穿上皮绳

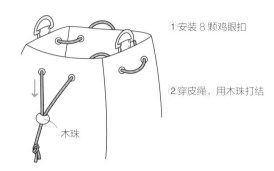

①安装 8 颗鸡眼扣

②穿皮绳，用木珠打结

木珠

迷你皮革十字架小挎包　　photo p.5

【材料】

亚麻布（原色） 24cm×11cm
厚棉布（咖啡色） 24cm×18 cm
鸡眼扣 直径 0.7cm 8 颗
皮革（1 毫米以下厚度薄皮）
6.5cm×10cm
0.3cm 宽皮绳 95cm
蕾丝 1 片
木珠 直径 0.8cm 1 个

如何制作

1. 在表布上缝蕾丝和十字架

2. 制作外袋和内袋

①包主体部分的布料正面相对对折，两端车缝。里布留出 3cm 的返口将①与包底正面相对缝在一起。

3. 缝合外袋和内袋

①将外袋与内袋正面相对叠在一起，缝上袋口部分。

②从返口翻回正面，手缝返口（藏针缝）

4. 安装鸡眼扣（参照 p.30），穿皮绳

【制图】单位 cm　　除特别指出以外，缝份均为 1cm

亚麻布（原色）
厚棉布（深咖啡色）

主体
表布 里布（各 1 片） 9
22
1
24

厚棉布
（深咖啡色）

4.5　包底　6.
4.5
6.5

皮革

0.5
1
0.5
1
1.8

包底　6.5
6.5

表布（1 片）

P 皮革帆布波士顿包　photo p.19

【材料】

帆布（灰白色 11 号）80cm×60cm
厚棉布（苔绿色）80cm×80 cm
亚麻布 75cm×35cm
皮革 62×20cm
60cm 拉链 1 条
刺绣线 深咖啡色 适量
5cm 宽蕾丝 28cm
环扣 直径 5cm 1ke 颗
装饰别针 1 个
鸡眼扣 2 颗
圆环 2 个
球球蕾丝 15cm

【成品尺寸】

配饰

【制图】单位 cm

除特别指出以外，
缝份均为 1cm

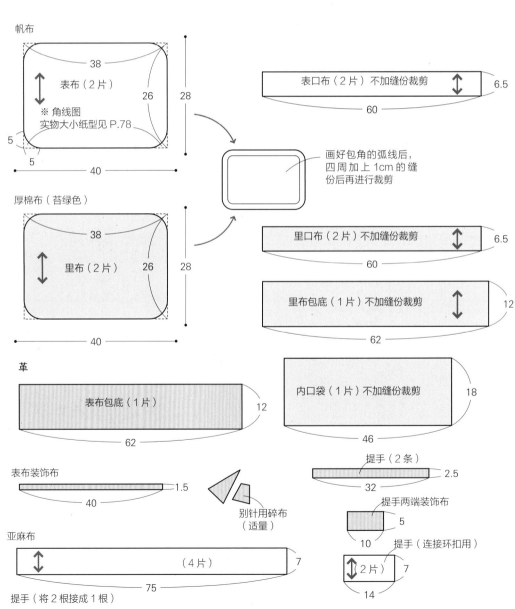

帆布

| 38 |
| 表布（2片） |
| 26 | 28 |
| ※ 角线图 |
| 实物大小纸型见 P.78 |
| 5 |
| 5 |
| 40 |

表口布（2 片）不加缝份裁剪　6.5
60

画好包角的弧线后，
四周加上 1cm 的缝
份后再进行裁剪

厚棉布（苔绿色）

| 38 |
| 里布（2片） |
| 26 | 28 |
| 40 |

里口布（2 片）不加缝份裁剪　6.5
60

里布包底（1 片）不加缝份裁剪　12
62

革

表布包底（1片）　12
62

内口袋（1 片）不加缝份裁剪　18
46

表布装饰布　1.5
40

别针用碎布
（适量）

提手（2 条）　2.5
32

提手两端装饰布
5
10

提手（连接环扣用）
（2 片）　7
14

亚麻布

（4 片）　7
75

提手（将 2 根接成 1 根）

如何制作

1. 制作表布前侧

①绣上装饰字母（图案参照 p.77 模板）

中心 7cm

②缝上蕾丝

8cm

表布前侧（正面）

③缝上皮质装饰布

0.2cm

1.5cm

7cm

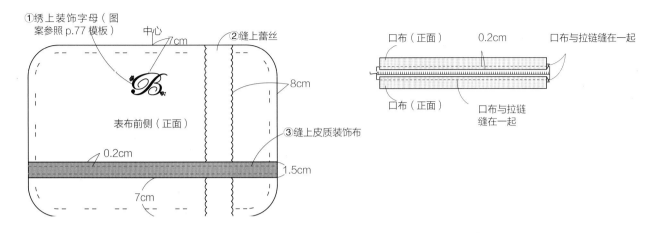

2. 表口布上安装拉链

口布（正面）　0.2cm　口布与拉链缝在一起

口布（正面）　口布与拉链缝在一起

3. 制作提手

提手 a

①2 片连在一起做成一根提手，做 2 根

（反面）

②2 条正面相对车缝两边

（反面）

③翻回到正面，再车缝压线

Ⓐ（正面）

提手两端的装饰布

单侧覆上皮革，车缝固定

提手 b

连接环扣的布

0.8cm

（反面）

①将 2 片正面相对缝合两边

车缝

（正面）

②翻回正面，车缝两边压线

0.2cm

Ⓑ

③套上环扣

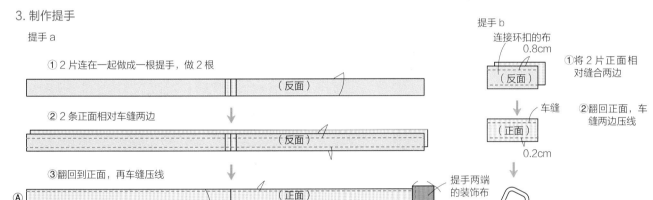

4. 将提手插入表口布与包底之间

①一侧插入提手 a 后缝合

Ⓐ

口布（反面）

包底（正面）

口布

口布（反面）

③正面车缝压线固定

0.5cm

反面　正面

包底

②另一侧插入提手 b 后缝合

口布（反面）

5. 将侧幅和包主体缝在一起做出袋子

先拉开拉链

主体（反面）

侧幅（反面）

侧幅和主体正面相对缝在一起做成外袋

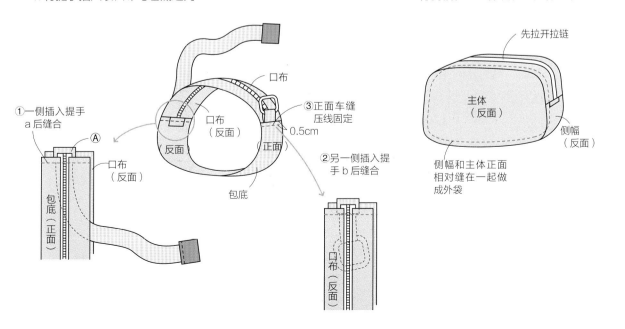

6. 制作表布前侧

①袋口三次折边后车缝压线

②如图所示折出折边，车缝两端

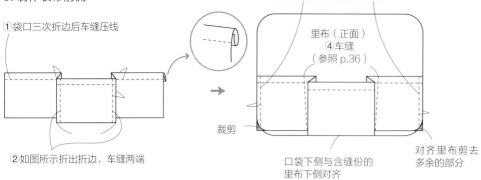

③将口袋暂时固定在里布上

里布（正面）
④车缝
（参照 p.36）

裁剪

口袋下侧与含缝份的
里布下侧对齐

对齐里布剪去
多余的部分

7. 与表布一样制作包底侧幅

①内口布的一侧向后折入 1cm

（正面）　　1cm

（正面）　　1cm

②与包底正面相对缝在一起

包底（正面）

口布（反面）

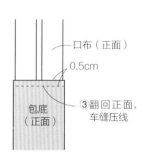

口布（正面）

0.5cm

③翻回正面，
车缝压线

包底
（正面）

8. 与表布一样制作内袋

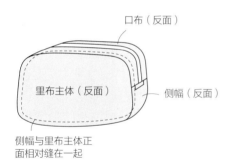

口布（反面）

里布主体（反面）

侧幅（反面）

侧幅与里布主体正
面相对缝在一起

9. 将外袋与内袋反面相对缝在一起

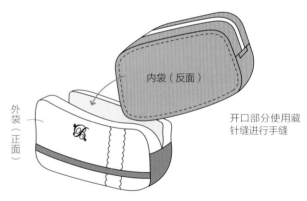

内袋（反面）

外袋
（正面）

开口部分使用藏
针缝进行手缝

10. 缝上提手

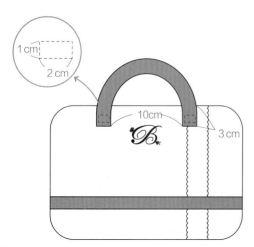

1cm

2cm

10cm

3cm

●配饰的制作方法

在皮质碎布上装鸡眼扣，系上蕾丝打结。
将装饰用的圆环装在别针上。
用钳子将圆环夹紧。

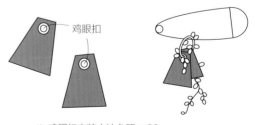

鸡眼扣

※ 鸡眼扣安装方法参照 p.30

Q 木质提手祖母包　photo p.21

【材料】
棉布（白色）100 cm×65 cm
棉布（碎花）40 cm×80cm
木质提手 29cm 宽 一对

【成品尺寸】

配有内兜

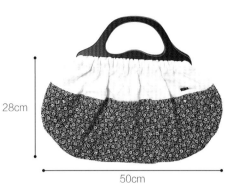

28cm

50cm

【制图】单位 cm　　除特别指出以外，缝份均为 1cm

将左图加
入缝份后
裁剪

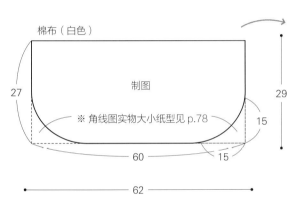

棉布（白色）

制图

※ 角线图实物大小纸型见 p.78

27

60

15

15

62

29

将左图加
入缝份后
裁剪

里布（2片）

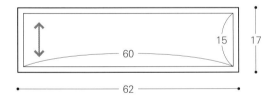

60

15

17

62

棉布（碎花）

口袋（1片）
不加缝份裁剪

22

11

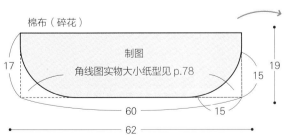

棉布（碎花）

制图

角线图实物大小纸型见 p.78

17

60

15

15

62

19

表布 下片（2片）

67

如何制作

1. 接合表布、前面的布

①将表布上片与下片正面相对

表布 上片（反面）

表布 下片（正面）

②将两个缝份都向下压

表布 上片

0.5cm

表布 下片

③正面车缝

2. 制作口袋、缝到里布上

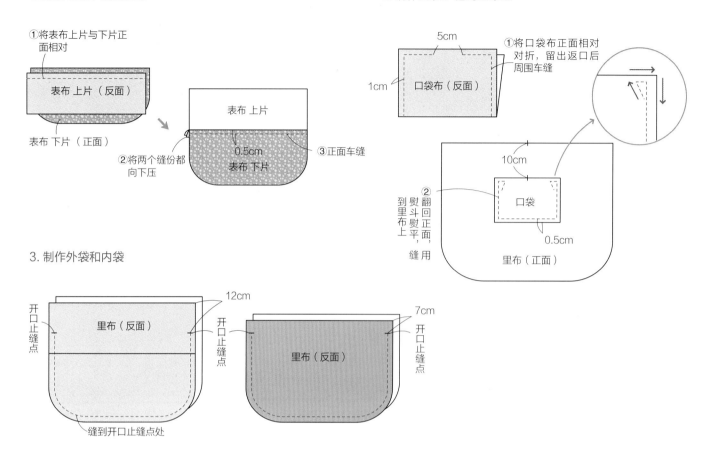

5cm

1cm

口袋布（反面）

①将口袋布正面相对对折，留出返口后周围车缝

10cm

口袋

0.5cm

②翻回正面，熨斗熨平，缝用

缝到里布上熨斗熨平

里布（正面）

3. 制作外袋和内袋

12cm

里布（反面）

开口止缝点

开口止缝点

缝到开口止缝点处

7cm

里布（反面）

开口止缝点

4. 将外袋与内袋反面相对叠合，车缝侧边

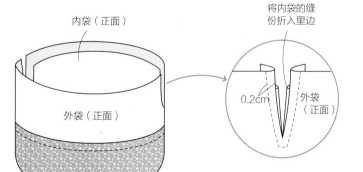

内袋（正面）

外袋（正面）

将内袋的缝份折入里边

0.2cm

外袋（正面）

6cm

1cm

5. 安装提手

里布（正面）

1cm

①做出走针记号

6cm 表布（正面）

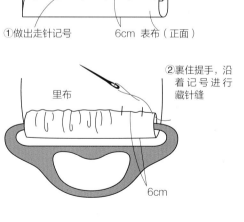

里布

②裹住提手，沿着记号进行藏针缝

6cm

R，S 紫色亚麻布托特包和口金包　photo p.22

【材料】
亚麻布 紫色 110cm×60cm
蕾丝 1.8cm×34cm
麻绳 15cm
包包挂链 1 个
口金包里布用 碎花 30cm×20cm
口金 17cm×4.5cm 1 个
粘合衬 30cm×40cm

【成品尺寸】

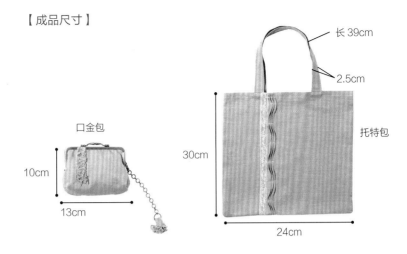

口金包

10cm

13cm

长 39cm

2.5cm

30cm

24cm

托特包

【制图】 单位 cm　　除特别指出以外，缝份均为 1cm

░ 部分贴上粘合衬

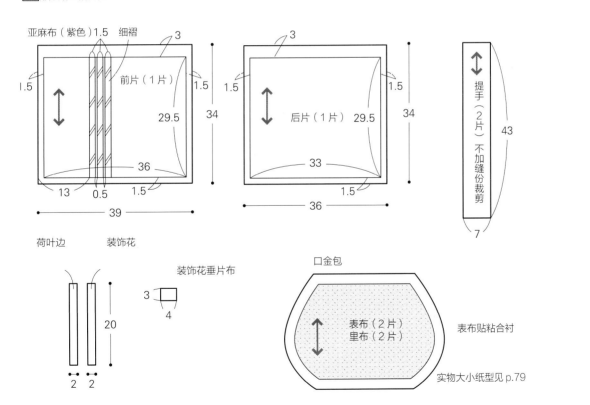

亚麻布（紫色）1.5　细褶

3

前片（1片）

1.5

1.5

29.5

34

36

13　0.5　1.5

39

3

后片（1片）

1.5

1.5

29.5

34

33

1.5

36

提手（2片）不加缝份裁剪

43

7

荷叶边　　装饰花

20

2　2

装饰花垂片布

3

4

口金包

表布（2片）
里布（2片）

表布贴粘合衬

实物大小纸型见 p.79

1. 在前片折出 3 条细褶，缝上蕾丝

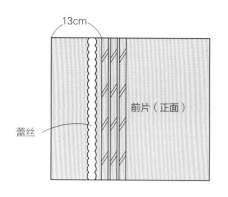

13cm

前片（正面）

蕾丝

0.5 cm

前片（正面）

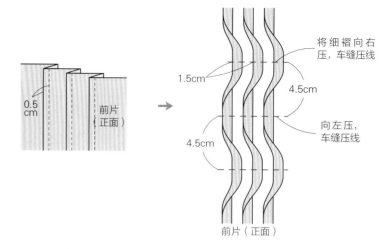

将细褶向右压，车缝压线

1.5cm

4.5cm

4.5cm

向左压，车缝压线

前片（正面）

2. 将前片布和后片布使用来去缝

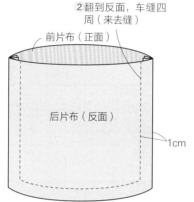

前片（正面）

①正面相对缝合，车缝四周

后片布（正面）

0.5cm

②翻到反面，车缝四周（来去缝）

前片布（正面）

后片布（反面）

1cm

3. 制作两个提手

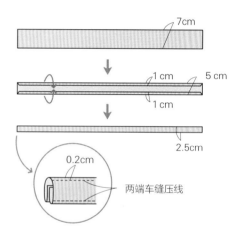

7cm

1cm

5 cm

1cm

2.5cm

0.2cm

两端车缝压线

4. 开口部分缝上提手，三次折边后车缝压线

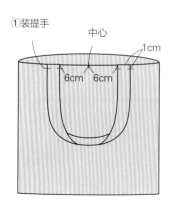

①装提手

中心

1cm

6cm 6cm

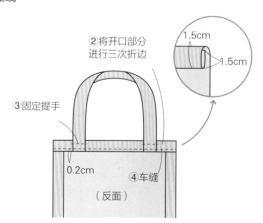

②将开口部分进行三次折边

1.5cm

1.5cm

③固定提手

0.2cm

④车缝

（反面）

如何制作 S 口金包

1. 制作表布

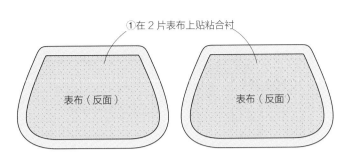

①在 2 片表布上贴粘合衬

表布（反面）

表布（反面）

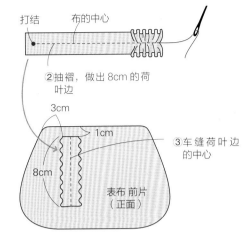

打结　　　布的中心

②抽褶，做出 8cm 的荷叶边

3cm

1cm

8cm

③车缝荷叶边的中心

表布 前片（正面）

2. 将表布与里布分别缝成袋状

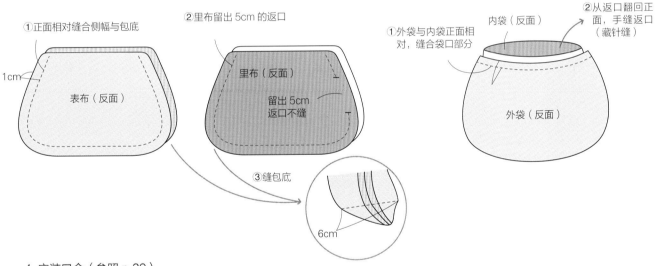

①正面相对缝合侧幅与包底

1cm

表布（反面）

②里布留出 5cm 的返口

里布（反面）

留出 5cm 返口不缝

③缝包底

6cm

3. 将外袋和内袋正面相对叠缝在一起

①外袋与内袋正面相对，缝合袋口部分

内袋（反面）

②从返口翻回正面，手缝返口（藏针缝）

外袋（反面）

4. 安装口金（参照 p.29）

5. 制作装饰花装在配饰上

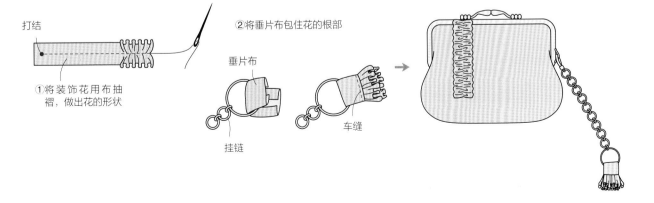

打结

①将装饰花用布抽褶，做出花的形状

②将垂片布包住花的根部

垂片布

挂链

车缝

T 褶皱包　photo p.23

【材料】
亚麻布 印花 145cm×70cm
亚麻布 白色 60cm×16cm
亚麻布 深咖啡色 70cm×80cm

【成品尺寸】

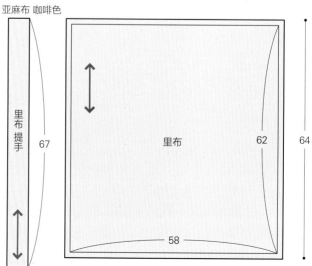

长 65cm

4cm

32cm

58cm

【制图】单位 cm　除特别指出以外，缝份均为 1cm

亚麻布 印花

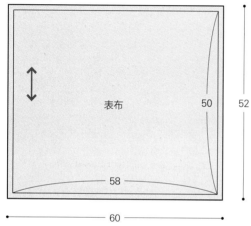

表布

50

52

58

60

亚麻布 白色

表布 口布（2 片）　6

8

58

60

表布 提手 不加缝份剪裁

67

6

缎带（2 条）

38

5

亚麻布 咖啡色

里布 提手

67

6

里布

62

64

58

60

72

如何制作

1. 将表布的主体与口布正面相对缝在一起

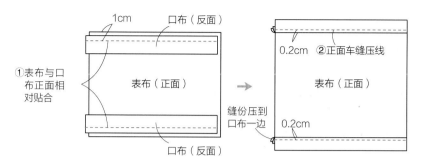

1cm
口布（反面）
①表布与口布正面相对贴合
表布（正面）

缝份压到口布一边

口布（反面）

0.2cm ②正面车缝压线
表布（正面）
0.2cm

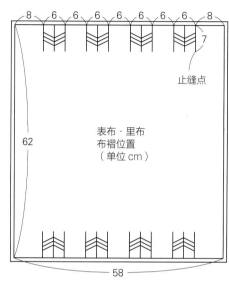

8　6　6　6　6　6　6　6　8
7
止缝点

62

表布·里布布褶位置（单位cm）

58

2. 在表布和里布上做布褶

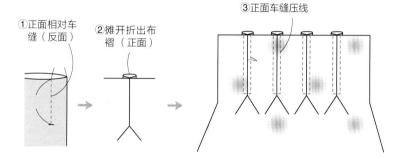

①正面相对车缝（反面）
②摊开折出布褶（正面）
③正面车缝压线

3. 制作外袋、内袋

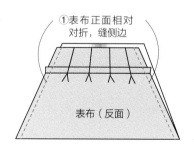

①表布正面相对对折，缝侧边

表布（反面）

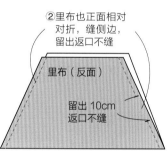

②里布也正面相对对折，缝侧边，留出返口不缝

里布（反面）

留出10cm返口不缝

4. 制作提手

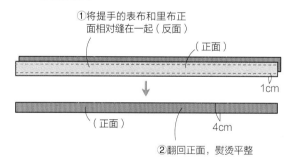

①将提手的表布和里布正面相对缝在一起（反面）

（正面）

1cm

（正面）

4cm

②翻回正面，熨烫平整

5. 制作蝴蝶结包绳

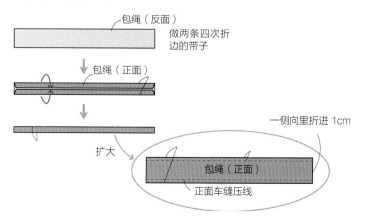

包绳（反面）

做两条四次折边的带子

包绳（正面）

扩大

一侧向里折进1cm

包绳（正面）

正面车缝压线

6. 外袋与内袋正面相对，缝合袋口

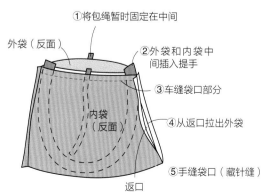

①将包绳暂时固定在中间

外袋（反面）

②外袋和内袋中间插入提手

③车缝袋口部分

内袋（反面）

④从返口拉出外袋

⑤手缝袋口（藏针缝）

返口

U，V 口金小挎包和胸花　photo p.24

【材料】
亚麻布（波点）20cm×30cm
棉布（格纹）20cm×30cm
口金 12cm×5cm
包链 40cm
粘合衬 20cm×30cm

【材料】
皮革 7cm×3cm
纱布（白色）25cm×8cm
棉绒（白色）15cm×3cm
欧根纱（白色）20cm×10cm
3cm 宽蕾丝（米色）18cm
缎子 20cm×5cm
1cm 宽蕾丝 8cm
球球蕾丝 20cm
珍珠 直径 0.8cm 1 个
珠子 0.4cm 3 个
别针 3.5cm 1 个
黏合剂

【成品尺寸】

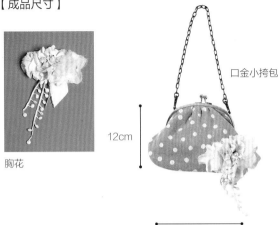

胸花

口金小挎包

12cm

15cm

【制图】单位 cm　除特别指出以外，缝份均为 1cm

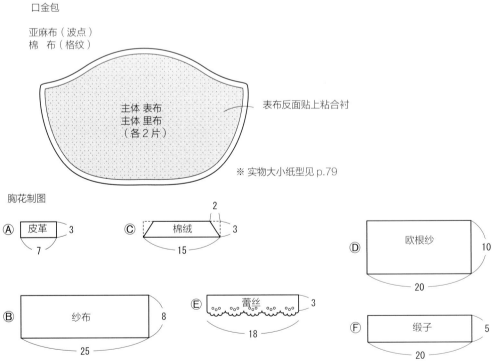

部分贴粘合衬

口金包

亚麻布（波点）
棉　布（格纹）

主体 表布
主体 里布
（各2片）

表布反面贴上粘合衬

※ 实物大小纸型见 p.79

胸花制图

Ⓐ 皮革 3
7

Ⓒ 棉绒 2 3
15

Ⓓ 欧根纱 10
20

Ⓑ 纱布 8
25

Ⓔ 蕾丝 3
18

Ⓕ 缎子 5
20

如何制作 U 口金包

1. 表布贴粘合衬

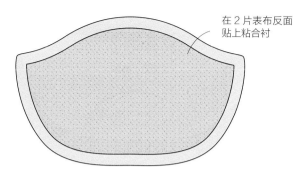

在 2 片表布反面
贴上粘合衬

2. 制作外袋和内袋

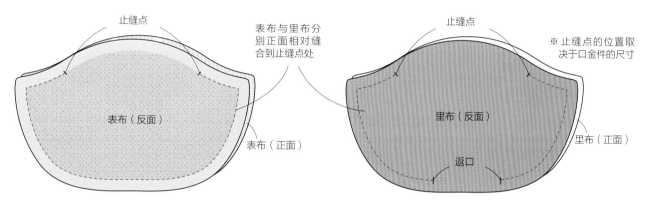

止缝点

表布与里布分
别正面相对缝
合到止缝点处

表布（反面）

表布（正面）

止缝点

※ 止缝点的位置取
决于口金件的尺寸

里布（反面）

里布（正面）

返口

3. 将外袋与内袋重叠，留出返口，缝上袋口部分

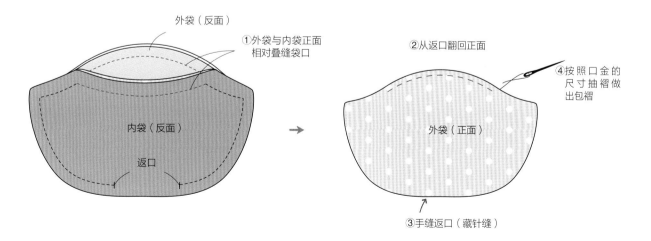

外袋（反面）

①外袋与内袋正面
相对叠缝袋口

内袋（反面）

返口

②从返口翻回正面

④按照口金的
尺寸抽褶做
出包褶

外袋（正面）

③手缝返口（藏针缝）

如何制作 V 胸花

1. 在 A 的反面安装胸花别针

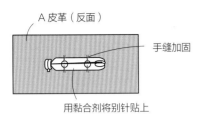

A 皮革（反面）

手缝加固

用黏合剂将别针贴上

2. 在 B 的中心抽褶，缩成 11cm

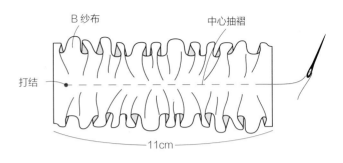

B 纱布

中心抽褶

打结

11cm

3. 将 C 如图所示下端抽褶

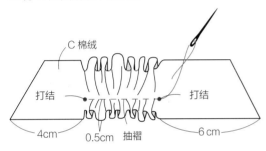

C 棉绒

打结

打结

4cm

0.5cm 抽褶

6 cm

4. 将 D 对折，下端抽褶

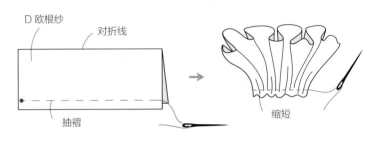

D 欧根纱

对折线

抽褶

缩短

5. 将 E 和 F 的一端进行抽褶处理

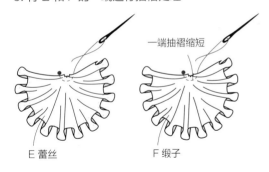

一端抽褶缩短

E 蕾丝

F 缎子

6. 将 B 粘贴到 A 上

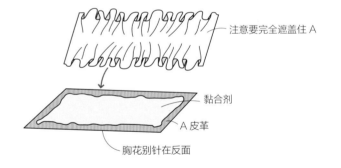

注意要完全遮盖住 A

黏合剂

A 皮革

胸花别针在反面

7. 将蕾丝与 C 粘贴到一起

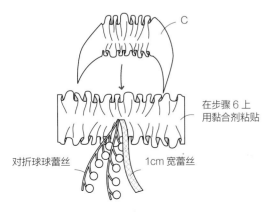

C

在步骤 6 上
用黏合剂粘贴

对折球球蕾丝

1cm 宽蕾丝

8. 将 E、D 和 F 黏在一起，把珍珠和珠子装在中心

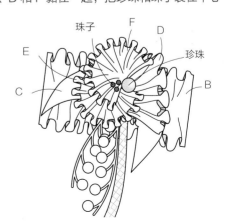

珠子

F

D

E

珍珠

C

B

P 皮革帆布波士顿包 刺绣图样（请扩大 120% 使用）

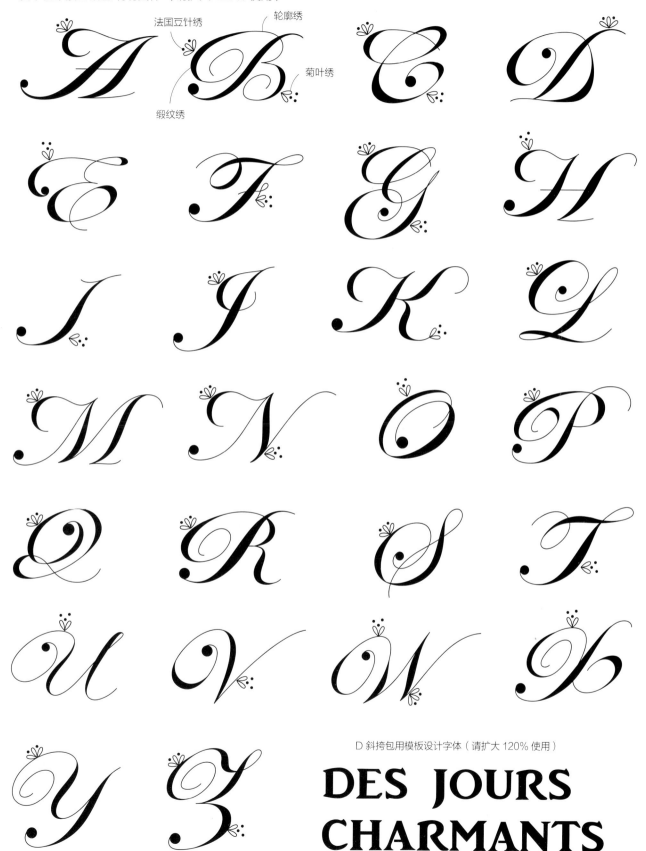

法国豆针绣　轮廓绣

菊叶绣

缎纹绣

D 斜挎包用模板设计字体（请扩大 120% 使用）

DES JOURS CHARMANTS

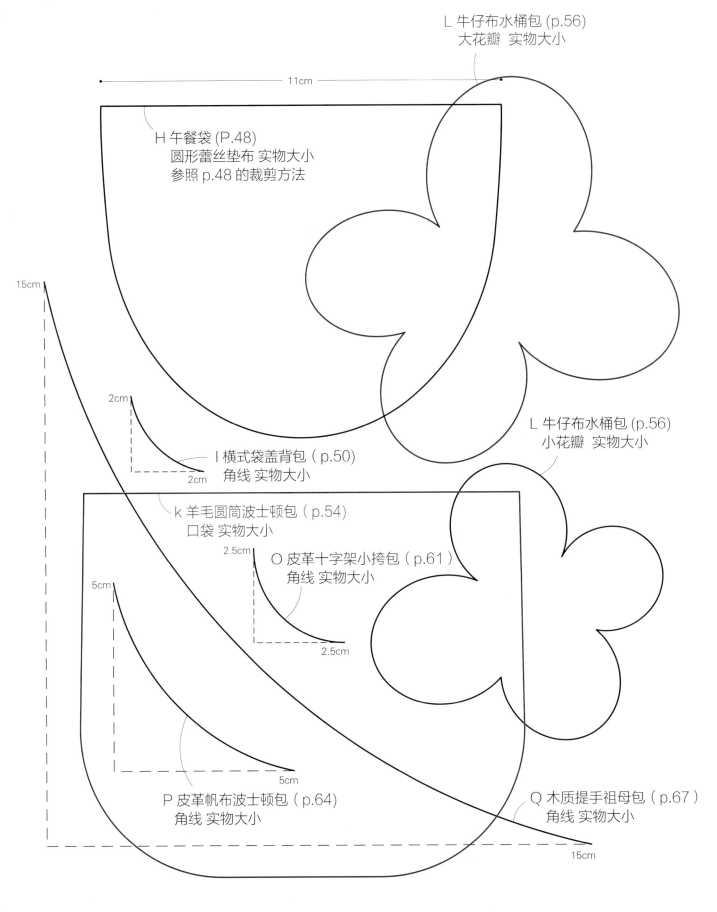

L 牛仔布水桶包 (p.56)
大花瓣 实物大小

11cm

H 午餐袋 (P.48)
圆形蕾丝垫布 实物大小
参照 p.48 的裁剪方法

15cm

2cm

2cm

I 横式袋盖背包（p.50)
角线 实物大小

L 牛仔布水桶包 (p.56)
小花瓣 实物大小

k 羊毛圆筒波士顿包（p.54)
口袋 实物大小

2.5cm

O 皮革十字架小挎包（p.61)
角线 实物大小

2.5cm

5cm

5cm

P 皮革帆布波士顿包（p.64)
角线 实物大小

Q 木质提手祖母包（p.67)
角线 实物大小

15cm

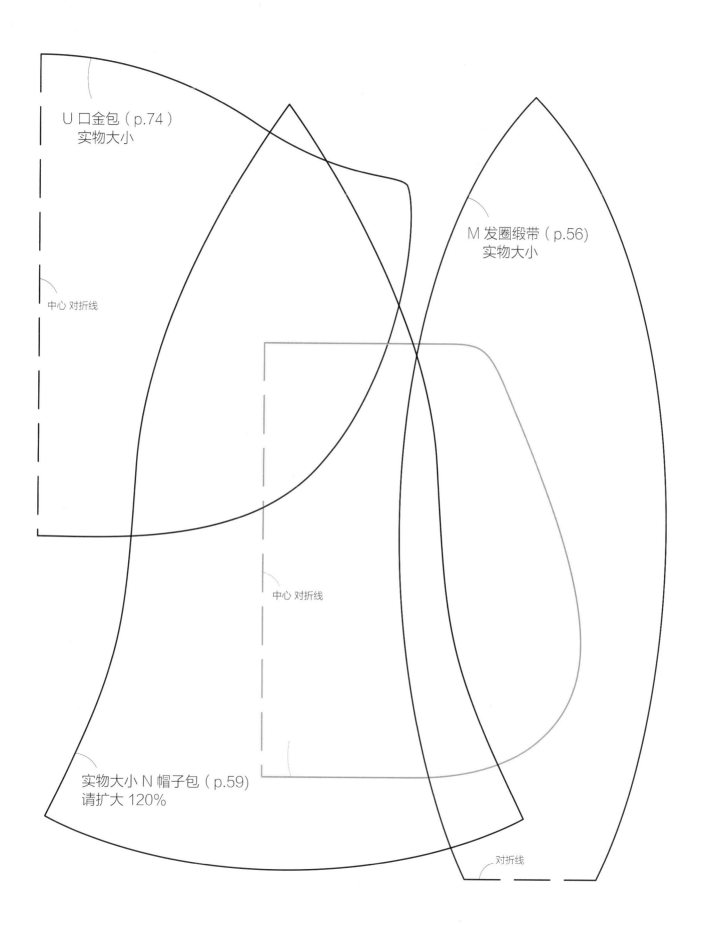

U 口金包（p.74）
实物大小

中心 对折线

M 发圈缎带（p.56）
实物大小

中心 对折线

实物大小 N 帽子包（p.59）
请扩大 120%

对折线

图书在版编目（CIP）数据

1天就完成！第一次动手制作布艺包 / (日) 田中智
子著；常婷译. -- 北京 : 北京联合出版公司, 2015.11
ISBN 978-7-5502-6359-8

Ⅰ. ①1… Ⅱ. ①田… ②常… Ⅲ. ①布料—手工艺品
—制作 Ⅳ. ①TS973.5

中国版本图书馆CIP数据核字(2015)第236543号

ICHINICHI DE KANSEI! HAJIMETE NO TEDUKURI NUNO BAG
© Tomoko Tanaka 2011© TATSUMI PUBLISHING CO., LTD. 2011
Original Japanese edition published in 2011 by Tatsumi Publishing Co., Ltd.
Simplified Chinese Character rights arranged with Tatsumi Publishing Co., Ltd.
Through Beijing GW Culture Communications Co., Ltd.

版权登记号：01-2015-5522

1天就完成！ 第一次动手制作布艺包

著　　者：（日）田中智子
译　　者：常　婷
出版统筹：精典博维
选题策划：周　帆
责任编辑：夏应鹏
装帧设计：博雅工坊·肖杰　马延利

北京联合出版公司出版
（北京市西城区德外大街83号楼9层　100088）
北京东海印刷有限公司
字数30千字　　710毫米×1000毫米　　1/16　　5印张
2015年11月第1版　　2015年11月第1次印刷
ISBN 978-7-5502-6359-8
定价：58.00元